사관학교 · 경찰대학 · 수능 시험대비

사주만에 **다**끝내는 **리**얼 동형 문제집

사관학교/경찰대학/기출문제로 재구성한

사다리 실전모의고사

수학영역

정수연 편

씨마스21

정 수 연

과학기술원을 졸업하다. 같은 대학교 대학원에서
바이오 메디컬 로보틱스 전공 석박사 통합과정 수학하다.
수학전문학원 [수학의 힘] 경인본원에서 강의하다.
지금 [사과나무학원] 은평관에서 강의하다.
<사관학교 기출보감>, <경찰대학 기출보감> 수학과목 집필하다.
새 교육과정에 맞춘 <사다리 실전모의고사 수학영역> ·
<사다리 사관학교 기출문제 총정리 수학영역> 출간하다.
유튜브 [기대 그이상의 수학! 정수연수학] 진행하다.

머리말

2022학년도부터 시행되는 대학수학능력시험의 수학 영역은 많은 변화가 있다.

가장 두드러진 특징은 계열 구분에 따라 수학 영역을 가형과 나형으로 분리하여 시행하던 방식에서 계열 구분 없이 실시한다는 점이다. 수학 1과 수학 2를 공통 과목으로 묶고 확률과 통계, 미적분, 기하 중에서 1개 과목을 선택하는 교과 선택형 시험 형태로 바뀐다.

개편된 대학수학능력시험의 출제 방식에 맞춰, 각군 사관학교에서는 신입생 선발을 위한 입시요강을 발표 하였다. 사관학교는 특성상 인문계열과 자연계열로 계열 구분 지원을 유지하되, 자연계열의 경우 선택 과목 을 미적분과 기하로 제한하는 입시 요강을 발표하였다. 사관학교는 대학수학능력시험과 같은 유형 · 형태 · 양식으로 수학 영역 시험을 운용한다. 반면에, 경찰대학은 입시요강에서 수학 영역 시험은 수학 1과 수학 2 의 공통 과목만 실시한다고 공지하였다.

이 책의 특징

1. 사관학교와 경찰대학 입시요강 및 대학 수학능력시험 예비평가 문항을 철저히 분석하여 변화되는 대학수 학능력시험과 사관학교 · 경찰대학 1차시험 체제에 맞추었다.

2. 25년간의 사관학교 기출문제와 경찰대학 기출문제에서 새교육과정에 맞는 문제들을 엄선하여 묶었다.

3. 새로운 교육과정의 적용에 따라 엄선된 문제 은행에서 대학수학능력시험과 사관학교 및 경찰대학 수학영 역의 출제경향 · 문제유형 · 출제패턴 · 배점방식 등을 모두 고려하여 실제 시험에서 적용이 가능한 문제 들로 실전모의고사를 구성하였다.

이 책의 구성

1. 변화된 시험 형태에 적용하여 실제 시험에 적응할 수 있도록 공통 과목인 수학 1, 수학 2는 1~22번으로 배치하였다. 1~15번은 객관식 5지선다형 문제, 16~22번은 주관식 단답형 문제로 구성하였다. 선택 과목인 확률과 통계, 미적분, 기하 등은 23~30번으로 배치하였다. 23~28번은 객관식 5지선다형 문제이고, 29~30번은 주관식 단답형 문제로 구성하였다. 총 5회분의 실전모의고사를 수록하였다.

2. 필자의 예상으로는 수학 영역의 선택 과목 난이도는 상대적으로 평이하게 유지할 것이다. 선택 과목 간의 난이도 불균형 문제에 따른 유불리 논쟁을 차단하기 위하여 신중하게 접근할 것으로 보인다. 반면에 공통 과목의 문제는 변별력을 높이기 위하여 고난도 문제가 출제될 것으로 예상된다. 이를 감안하여 공통 과목의 문제는 선택 과목보다 조금 더 변별력있는 문항들로 구성하였다.

3. 실전모의고사 구성은 사관학교와 경찰대학의 최근 10년간 중요 기출문제들을 우선적으로 선별하여 묶었다.

4. 실전모의고사는 개편된 대학수학능력시험의 수학 영역 출제 기준안에 따랐다. 공통 과목과 선택 과목의 문항 구성, 5지선다형 문항과 단답형 문항의 구성 비율, 문항별 배점 방식 등 모두를 준용하였다.

수학 영역 시험 대비법

1. 사관학교 · 경찰대학 · 대학수학능력시험에 대비하기 위해서는 기출문제를 완벽히 공부하는 것이 필수이다. 이를 통해 출제 경향을 파악하고, 시간 안에 문제를 풀어내는 능력과 사고력을 키우는 것에 집중하는 것이 중요하다.

2. 수학 영역 시험의 경우, 비교적 쉬운 문제는 빠르고 정확하게 답을 찾고, 고난도 문항일수록 문제 조건에 부합하는 특수한 경우를 먼저 떠올릴 줄 알아야 한다. 문제에 대한 직관적인 풀이 능력을 갖추어야 제 시간 내에 문제를 풀어낼 수 있다.

3. 입학 시험은 범위가 확정하여 미리 공지하므로 출제될 문제 유형이 기본적으로 정해져 있다. 학생 입장에서 효과적인 시험 대비법은 범위 내의 지식을 확장시키는 확장형 학습법보다는 모르는 것을 줄여나가는 소거지향형 전략을 구상해야 한다. 즉, 수학 문제집을 풀 때 아는 내용과 문제는 건너뛰고, 부족한 영역에 시간을 투입해야 효과적으로 쓸 수 있다.

이 책은 학생들이 실제 시험 현장이라고 설정하고 주어진 시험시간 안에 공통 과목과 선택 과목의 문제를 자신의 알고 있는 수학적 지식을 동원하여 풀어보고 채점하여 보도록 구성하였다. 자신의 현재 실력을 진단하고 평가함으로써 실제 시험에 대응할 수 있는 준비와 현장 적응성을 높이라는 의도에서 기획한 수험서이다. 입시 현장에서 필자는 강의실이나 선생님과 같이 있을 때는 문제를 잘 푸는 학생들을 많이 본다. 그러나 시험장에서 시험지와 마주하면 굳어버리는 학생들이 많다. 이들은 직관적 문제 해결 능력이 부족해서 그렇다.

사관학교 시험에서 고득점과 대학수학능력시험에서 고등급을 준비하는 상위권 학생에게는 상세한 해설이 오히려 시험준비에 도움이 되지 않는다. 대신에 직관적으로 문제를 해결하는 데 도움이 될 수 있도록 해설작업을 하였다. 문제해결을 위해 충분히 떠올릴 수 있는 상황과 그래프 등을 제시하는 해설 방법을 도입하였다. 해설에서 제시한 풀이와 상황 해석이 어떻게 등장했는지 학생 스스로 생각하며 자신에 맞는 문제 해결 능력을 발전시켜 숙달하여야 한다.

끝으로 이 책으로 공부한 학생들이 대학수학능력시험 · 사관학교 · 경찰대학 입시에서 좋은 결과가 있기를 기원하며 각 분야에서 전문인으로 성공하기를 희망한다. 이 책의 부족한 부분은 계속 보완해 나갈 것을 약속드린다.

하가헌 서재에서
저자 두손모아

PART I
사다리 실전모의고사 수학영역

PART II
최신년도 사관학교 기출문제

PART III
정답과 해설

[사관학교/수능/경찰대학 1차 시험 시간표 비교]

구분	시간		
	사관학교	수능	경찰대학
수험생 입실(입실시간 종료 후에 수험장 입실 및 응시 불가)	08:10~08:30 (20분)	00:00~08:10 (00분)	07:30~08:30 (60분)
수험생 주의사항 안내	08:30~09:00 (30분)	08:10~08:30 (30분)	08:30~09:00 (30분)
답안지 · 문제지 배부	09:00~09:10 (10분)	08:30~08:40 (10분)	09:00~09:10 (10분)
제1교시 – 국어 [공통]	09:10~10:00 (50분)	08:40~10:00 (80분)	09:10~10:10 (60분)
휴식	10:00~10:20 (20분)	10:00~10:20 (20분)	10:10~10:30 (20분)
답안지 · 문제지 배부	10:20~10:30 (10분)	10:20~10:30 (10분)	10:30~10:40 (10분)
제2교시 – 영어/수학[수능]	10:30~11:20 (50분)	10:30~12:10 (100분)	10:40~11:40 (60분)
휴식(사관학교, 경찰대학), 중식(수능)	11:20~11:40 (20분)	12:10~13:00 (50분)	11:40~12:00 (20분)
답안지 · 문제지 배부	11:40~11:50 (10분)	13:00~13:10 (10분)	12:00~12:10 (10분)
제3교시 – 수학/영어[수능]	11:50~13:30 (100분)	13:10~14:20 (70분)	12:10~13:30 (80분)

[사관학교/수능/경찰대학 1차 시험 비교]

과목	학교	사관학교	수능	경찰대학
국어	문항수	30문항	45문항	45문항
	시험시간	50분	80분	60분
	문항	공통 [문학, 독서] 30문항 [3점] 20문항, [4점] 10문항	공통 [문학, 독서]　34문항 선택 [화법과 작문]　11문항 　　[언어와 매체]　11문항 [2점] 35문항, [3점] 10문항	공통 [문학, 독서] [2점] 35문항, [3점] 10문항
영어	문항수	30문항	45문항	45문항
	시험시간	50분	70분	60분
	문항	상대 평가 – [영어Ⅰ, 영어Ⅱ] 듣기 없음 [3점] 20문항, [4점] 10문항	절대 평가 – [영어Ⅰ, 영어Ⅱ] [듣기] 17문항 [독해] 28문항 [2점] 35문항, [3점] 10문항	상대 평가 – [영어Ⅰ, 영어Ⅱ] 듣기 없음 [2점] 35문항, [3점] 10문항
수학	문항수	30문항	30문항	25문항
	시험시간	100분	100분	80분
	문항	공통 [수학Ⅰ, 수학Ⅱ] 22문항 선택 [확률과 통계]　8문항 　　[미적분]　　　8문항 　　[기하]　　　　8문항 [2점] 문항, [3점] 문항, [4점] 문항	공통 [수학Ⅰ, 수학Ⅱ] 22문항 선택 [확률과 통계]　8문항 　　[미적분]　　　8문항 　　[기하]　　　　8문항 [2점] 문항, [3점] 문항, [4점] 문항	공통 [수학Ⅰ, 수학Ⅱ] 25문항 [3점] 문항, [4점] 문항, [5점] 문항

PART I

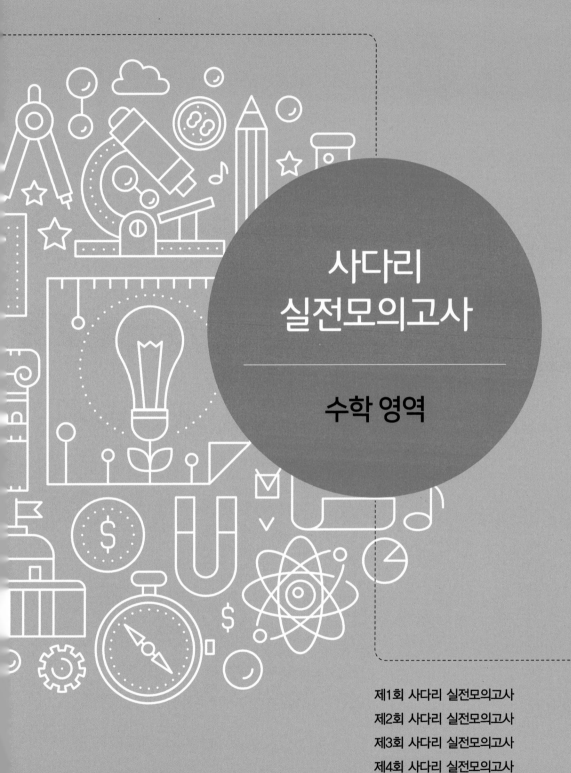

사다리
실전모의고사

수학 영역

○○○○학년도 사관학교 · (경찰대) · 수능 대비 실전모의고사 문제지

수 학 영 역

1회

| 성명 | | 수험번호 | | | | | | | |

○ **문제지**의 해당란에 성명과 수험번호를 기입하시오.

○ **답안지**의 해당란에 성명과 수험번호를 정확하게 표기하시오.

○ 문항에 따라 배점이 다르니, 각 물음의 끝에 표시된 배점을 참고하시오.

○ 주관식 답의 숫자는 자리에 맞추어 표기하며, '0'이 포함된 경우에는 '0'을 OMR 답안지에 반드시 표기하시오.

○ 23번부터는 선택과목이니 자신이 선택한 과목(확률과 통계, 미적분, 기하)의 문제지인지 확인하시오.

공 란

01 $(\log_6 4)^2 + (\log_6 9)^2 + 2\log_6 4 \times \log_6 9$의 값은? [2점]

① 1   ② 4   ③ 9   ④ 16   ⑤ 25

02 4개의 수 6, a, 15, b가 이 순서대로 등비수열을 이룰 때, $\dfrac{b}{a}$의 값은? [2점]

① $\dfrac{3}{2}$ ② 3   ③ $\dfrac{5}{2}$ ④ 4   ⑤ $\dfrac{7}{2}$

03

$\sin\theta+\cos\theta=\dfrac{1}{2}$을 만족하는 각 θ가 존재하는 사분면은? [3점]

① 제2사분면

② 제1사분면 또는 제2사분면

③ 제1사분면 또는 제4사분면

④ 제2사분면 또는 제4사분면

⑤ 제1사분면 또는 제2사분면 또는 제4사분면

04

삼차함수 $f(x)=x^3+ax^2+(a+6)x+2$가 극값을 갖지 않도록 하는 정수 a의 개수는? [3점]

① 8　　　② 9　　　③ 10　　　④ 11　　　⑤ 12

05 그림은 원점을 출발하여 수직선 위를 움직이는 점 P의 시각 t초$(0 \le t \le 10)$에서의 속도 $v(t)$를 나타낸 것이다. 점 P의 시각 t초에서의 위치를 $x(t)$라 할 때, $x(10) = \dfrac{35}{3}$이다. 출발 후 10초 동안 점 P가 움직인 거리는? (단, k는 양의 상수이고, 점선은 좌표축에 평행하다.) [3점]

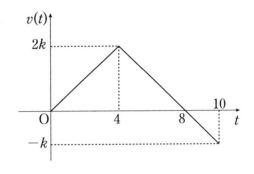

① 15   ② 16   ③ 17   ④ 18   ⑤ 19

06 수열 $\{a_n\}$이 모든 자연수 n에 대하여

$$a_{n+1} = \begin{cases} \dfrac{a_n + 2}{2} & (a_n \text{은 짝수}) \\ \dfrac{a_n - 1}{2} & (a_n \text{은 홀수}) \end{cases}$$

를 만족시킨다. $a_1 = 20$일 때, $\displaystyle\sum_{k=1}^{10} a_k$의 값은? [3점]

① 38   ② 42   ③ 46   ④ 50   ⑤ 54

07 곡선 $y=-x^3+3x^2+4$에 접하는 직선 중에서 기울기가 최대인 직선을 l이라 하자. 직선 l과 x축 및 y축으로 둘러싸인 부분의 넓이는? [3점]

① $\dfrac{3}{2}$ ② 2 ③ $\dfrac{5}{2}$ ④ 3 ⑤ $\dfrac{7}{2}$

08 함수 $y=f(x)$의 그래프가 그림과 같다. 최고차항의 계수가 1인 이차함수 $g(x)$에 대하여

$$\lim_{x \to 0+}\frac{g(x)}{f(x)}=1, \quad \lim_{x \to 1-}f(x-1)g(x)=3$$

일 때, $g(2)$의 값은? [3점]

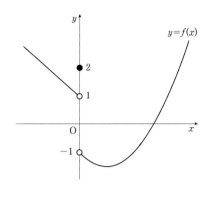

① 3   ② 5   ③ 7   ④ 9   ⑤ 11

09 그림과 같이 반지름의 길이가 4이고 중심이 O인 원 위의 세 점 A, B, C에 대하여

$$\angle ABC = 120°, \ \overline{AB} + \overline{BC} = 2\sqrt{15}$$

일 때, 사각형 OABC의 넓이는? [4점]

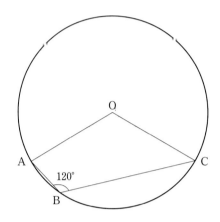

① $5\sqrt{3}$ ② $\dfrac{11\sqrt{3}}{2}$ ③ $6\sqrt{3}$ ④ $\dfrac{13\sqrt{3}}{2}$ ⑤ $7\sqrt{3}$

10 다음을 만족시키는 미분가능한 함수 $f(x)$에 대하여 $f(1)$의 값은? [4점]

$$\int_1^x (x-t)f(t)\,dt = x^4 + ax^2 - 10x + 6$$

① 18   ② 21   ③ 24   ④ 27   ⑤ 30

11 두 양수 a, $b(a>b)$에 대하여

$$9^a = 2^{\frac{1}{b}}, \quad (a+b)^2 = \log_3 64$$

일 때, $\dfrac{a-b}{a+b}$ 의 값은? [4점]

① $\dfrac{\sqrt{6}}{6}$　　② $\dfrac{\sqrt{3}}{3}$　　③ $\dfrac{\sqrt{2}}{2}$　　④ $\dfrac{\sqrt{6}}{3}$　　⑤ $\dfrac{\sqrt{30}}{6}$

12 실수 전체의 집합에서 연속인 함수 $f(x)$가 다음 조건을 만족시킨다.

> (가) $f(x)=ax^2\,(0\le x<2)$
>
> (나) 모든 실수 x에 대하여 $f(x+2)=f(x)+2$이다.

$\displaystyle\int_1^7 f(x)dx$의 값은? (단, a는 상수이다.) [4점]

① 20   ② 21   ③ 22   ④ 23   ⑤ 24

13 수열 $\{a_n\}$은 $a_1 = -\dfrac{5}{3}$이고

$$a_{n+1} = -\frac{3a_n + 2}{a_n} \quad (n \geq 1) \ \cdots\cdots \ (*)$$

를 만족시킨다. 다음은 일반항 a_n을 구하는 과정이다.

(*)에서

$$a_{n+1} + 2 = -\frac{a_n + \boxed{(가)}}{a_n} \quad (n \geq 1))$$

이다. 여기서

$$b_n = \frac{1}{a_n + 2} \quad (n \geq 1)$$

이라 하면 $b_1 = 3$이고

$$b_{n+1} = 2b_n - \boxed{(나)} \quad (n \geq 1)$$

이다. 수열 $\{b_n\}$의 일반항을 구하면

$$b_n = \boxed{(다)} \quad (n \geq 1)$$

이므로

$$a_n = \frac{1}{\boxed{(다)}} - 2 \quad (n \geq 1)$$

이다.

위의 (가)와 (나)에 알맞은 수를 각각 p, q라 하고, (다)에 알맞은 식을 $f(n)$이라 할 때, $p \times q \times f(5)$의 값은? [4점]

① 54   ② 58   ③ 62   ④ 66   ⑤ 70

14 최고차항의 계수가 1인 사차함수 $f(x)$에 대하여 함수 $g(x)$를

$$g(x) = \begin{cases} f(x) & (f(x) \geq a) \\ 2a - f(x) & (f(x) < a) \end{cases} \quad (a는\ 상수)$$

라 하자. 두 함수 $f(x)$, $g(x)$가 다음 조건을 만족시킨다.

> (가) 함수 $g(x)$는 $x = 4$에서만 미분가능하지 않다.
> (나) 함수 $g(x) - f(x)$는 $x = \dfrac{7}{2}$에서 최댓값 $2a$를 가진다.

$f\left(\dfrac{5}{2}\right)$의 값은? [4점]

① $\dfrac{5}{4}$ 　　② $\dfrac{3}{2}$ 　　③ $\dfrac{7}{4}$ 　　④ 2 　　⑤ $\dfrac{9}{4}$

15 두 곡선 $y=|2^x-4|$, $y=\log_2 x$가 만나는 두 점의 x좌표를 x_1, $x_2(x_1<x_2)$라 할 때, [보기]에서 옳은 것만을 있는 대로 고른 것은? [4점]

┌─── 보 기 ───┐

ㄱ. $\log_2 3 < x_1 < x_2 < \log_2 6$

ㄴ. $(x_2-x_1)(2^{x_2}-2^{x_1})<3$

ㄷ. $2^{x_1}+2^{x_2}>8+\log_2(\log_3 6)$

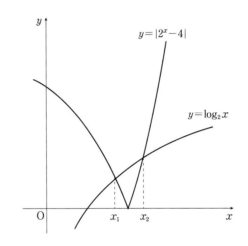

① ㄱ   ② ㄱ, ㄴ   ③ ㄱ, ㄷ   ④ ㄴ, ㄷ   ⑤ ㄱ, ㄴ, ㄷ

단답형 (수학 1, 2)

16 곡선 $y=x^3$과 y축 및 직선 $y=8$로 둘러싸인 부분의 넓이를 구하시오. [3점]

17   부등식 $2+\log_{\frac{1}{3}}(2x-5)>0$을 만족시키는 모든 정수 x의 개수를 구하시오. [3점]

18 함수

$$f(x)=\begin{cases} x^2-10 & (x\le a) \\ \dfrac{x^2+ax+4a}{x-a} & (x>a) \end{cases}$$

가 $x=a$에서 연속일 때, $f(2a)$의 값은? (단, a는 상수이다.) [3점]

19 실수 t에 대하여 x에 대한 방정식 $2x^3 + ax^2 + 6x - 3 = t$의 서로 다른 실근의 개수를 $g(t)$라 하자. 함수 $g(t)$가 실수 전체의 집합에서 연속이 되도록 하는 정수 a의 개수를 구하시오. [3점]

20 두 실수 a, b와 수열 $\{c_n\}$이 다음 조건을 만족시킨다.

> (가) $(m+2)$개의 수
>
> $$a,\ \log_2 c_1,\ \log_2 c_2,\ \cdots,\ \log_2 c_m,\ b$$
>
> 가 이 순서대로 등차수열을 이룬다.
>
> (나) 수열 $\{c_n\}$의 첫째항부터 제m항까지의 항을 모두
> 곱한 값은 32이다.

$a+b=1$일 때, 자연수 m의 값을 구하시오. [4점]

21 원 $x^2+y^2=1$에 내접하는 정96각형의 각 꼭짓점의 좌표를 (a_1, b_1), (a_2, b_2), $\cdots$, (a_{96}, b_{96})이라 할 때, $\displaystyle\sum_{n=1}^{96} a_n^2$의 값을 구하시오. [4점]

22   실수 전체의 집합에서 정의된 함수 $f(x)$가 다음 조건을 만족시킨다.

> (가) $x \geq 0$일 때, $f(x) = x^2 - 2x$이다.
>
> (나) 모든 실수 x에 대하여 $f(-x) + f(x) = 0$이다.

실수 t에 대하여 닫힌 구간 $[t, t+1]$에서 함수 $f(x)$의 최솟값을 $g(t)$라 하자. 좌표평면에서 두 곡선 $y = f(x)$와 $y = g(x)$로 둘러싸인 부분의 넓이는 $\dfrac{q}{p}$이다. $p+q$의 값을 구하시오. (단, p와 q는 서로소인 자연수이다.) [4점]

※ **확인 사항**

○ 답안지의 해당란에 필요한 내용을 정확히 기입(표기)했는지 확인하시오.

○ 이어서, 「선택과목(확률과 통계)」 문제가 제시되오니, 자신이 선택한 과목인지 확인하시오.

○○○○학년도 사관학교 · (경찰대) · 수능 대비 실전모의고사 문제지

수 학 영 역

확률과 통계

5지선다형 (확률과 통계)

23 두 사건 A, B에 대하여

$$P(A\cap B)=\frac{1}{6}, \quad P(A^c\cup B)=\frac{2}{3}$$

일 때, $P(A)$의 값은? (단, A^c은 A의 여사건이다.) [2점]

① $\dfrac{1}{6}$ ② $\dfrac{1}{3}$ ③ $\dfrac{1}{2}$ ④ $\dfrac{2}{3}$ ⑤ $\dfrac{5}{6}$

24 그림과 같이 원형 탁자에 7개의 의자가 일정한 간격으로 놓여 있다. A, B, C를 포함한 7명의 학생이 모두 이 7개의 의자에 앉으려고 할 때, A, B, C 세 명 중 어느 두 명도 서로 이웃하지 않도록 앉는 경우의 수는? (단, 회전하여 일치하는 것은 같은 것으로 본다.) [3점]

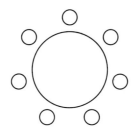

① 108   ② 120   ③ 132   ④ 144   ⑤ 156

25 이산확률변수 X가 가지는 값이 0, 2, 4, 6이고 X의 확률질량함수가

$$P(X=x)=\begin{cases} a & (x=0) \\ \dfrac{1}{x} & (x=2,\ 4,\ 6) \end{cases}$$

일 때, $E(aX)$의 값은? [3점]

① $\dfrac{1}{8}$ ② $\dfrac{1}{4}$ ③ $\dfrac{1}{2}$ ④ 1   ⑤ 2

26 상자 A에는 흰 공 2개, 검은 공 3개가 들어 있고, 상자 B에는 흰 공 3개, 검은 공 4개가 들어 있다. 한 개의 동전을 던져 앞면이 나오면 상자 A를, 뒷면이 나오면 상자 B를 택하고, 택한 상자에서 임의로 두 개의 공을 동시에 꺼내기로 한다. 이 시행을 한 번하여 꺼낸 공의 색깔이 서로 같았을 때, 상자 A를 택하였을 확률은? [3점]

① $\dfrac{11}{29}$　　　② $\dfrac{12}{29}$　　　③ $\dfrac{13}{29}$　　　④ $\dfrac{14}{29}$　　　⑤ $\dfrac{15}{29}$

27 어느 방위산업체에서 생산하는 방독면 1개의 무게는 평균이 m, 표준편차가 50인 정규분포를 따른다고 한다. 이 방위산업체에서 생산하는 방독면 중에서 n개를 임의추출하여 얻은 방독면 무게의 표본평균이 1740이었다. 이 결과를 이용하여 이 방위산업체에서 생산하는 방독면 1개의 무게의 평균 m에 대한 신뢰도 95%의 신뢰구간을 구하면 $1720.4 \le m \le a$이다. $n+a$의 값은? (단, 무게의 단위는 g이고, Z가 표준정규분포를 따르는 확률변수일 때, $P(0 \le Z \le 1.96)=0.475$로 계산한다.) [3점]

① 1772.6　　② 1776.6　　③ 1780.6　　④ 1784.6　　⑤ 1788.6

28 확률변수 X는 정규분포 $N(m, 4^2)$을 따르고, 확률변수 Y는 정규분포 $N(20, \sigma^2)$을 따른다. 확률변수 X의 확률밀도함수가 $f(x)$일 때, $f(x)$와 두 확률변수 X, Y가 다음 조건을 만족시킨다.

> (가) 모든 실수 x에 대하여 $f(x+10)=f(20-x)$이다.
>
> (나) $\mathrm{P}(X \geq 17)=\mathrm{P}(Y \leq 17)$

$\mathrm{P}(X \leq m+\sigma)$의 값을 오른쪽 표준정규분포표를 이용하여 구한 것은? (단, $\sigma>0$) [4점]

① 0.6915 　② 0.7745 　③ 0.9104
④ 0.9332 　⑤ 0.9772

z	$\mathrm{P}(0 \leq Z \leq z)$
0.5	0.1915
1.0	0.3413
1.5	0.4332
2.0	0.4772

단답형 (확률과 통계)

29 그림과 같이 같은 종류의 검은 공이 각각 1개, 2개, 3개가 들어 있는 상자 3개가 있다. 1부터 6까지의 자연수가 각각 하나씩 적힌 6개의 흰 공을 3개의 상자에 남김없이 나누어 넣으려고 한다. 각각의 상자에 들어 있는 공의 개수가 모두 3의 배수가 되도록 6개의 흰 공을 나누어 넣는 경우의 수를 구하시오. (단, 흰 공이 하나도 들어 있지 않은 상자가 있을 수 있고, 공을 넣는 순서는 고려하지 않는다.) [4점]

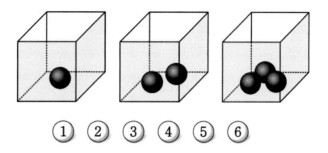

30　다음 조건을 만족시키는 자연수 a, b, c, d, e의 모든 순서쌍 (a, b, c, d, e)의 개수를 구하시오.

[4점]

(가) $ab(c+d+e)=12$

(나) a, b, c, d, e 중에서 적어도 2개는 짝수이다.

※ 확인 사항

○ 답안지의 해당란에 필요한 내용을 정확히 기입(표기)했는지 확인하시오.

○ 이어서, 「선택과목(미적분)」 문제가 제시되오니, 자신이 선택한 과목인지 확인하시오.

수 학 영 역 [미적분]

5지선다형 (미적분)

23 $\displaystyle\int_0^{\frac{\pi}{3}} \tan x\, dx$의 값은? [2점]

① $\dfrac{\ln 2}{2}$　　　② $\dfrac{\ln 3}{2}$　　　③ $\ln 2$　　　④ $\ln 3$　　　⑤ $2\ln 2$

24 $0 \le x \le \pi$에서 함수 $f(x) = 2\sin\left(x + \dfrac{\pi}{3}\right) + \sqrt{3}\cos x$는 $x = \theta$일 때 최댓값을 갖는다. $\tan\theta$의 값은? [3점]

① $\dfrac{\sqrt{3}}{12}$ ② $\dfrac{\sqrt{3}}{6}$ ③ $\dfrac{\sqrt{3}}{4}$ ④ $\dfrac{\sqrt{3}}{3}$ ⑤ $\dfrac{\sqrt{3}}{2}$

25 실수 x에 대하여 $f(x) = \lim\limits_{n \to \infty} \dfrac{x^{2n+1} - 2x^{2n} + 1}{x^{2n+2} + x^{2n} + 1}$일 때,

$\lim\limits_{x \to -1-} f(x) = a$, $\lim\limits_{x \to 1-} f(x) = b$라 하자. $\dfrac{b}{a+2}$의 값은? [3점]

① $-\dfrac{1}{4}$ ② $-\dfrac{1}{2}$ ③ $\dfrac{1}{2}$ ④ 2 ⑤ 4

26 함수 $f(x) = \dfrac{6x^3}{x^2+1}$ 의 역함수를 $g(x)$라 할 때, $g'(3)$의 값은? [3점]

① $\dfrac{1}{6}$ ② $\dfrac{1}{3}$ ③ $\dfrac{1}{2}$ ④ $\dfrac{2}{3}$ ⑤ $\dfrac{5}{6}$

27

그림과 같이 길이가 4인 선분 AB를 지름으로 하는 반원이 있다. 이 반원의 호 AB를 이등분하는 점을 M이라 하고 선분 OM을 3:1로 외분하는 점을 C라 하자. 선분 OC를 대각선으로 하는 정사각형 CDOE를 그리고, 정사각형의 내부와 반원의 외부의 공통부분인 ⌂ 모양의 도형에 색칠하여 얻은 그림을 R_1이라 하자. 그림 R_1에 두 선분 CD, CE를 각각 지름으로 하는 두 반원을 정사각형 CDOE의 외부에 그리고, 각각의 두 반원에서 그림 R_1을 얻는 것과 같은 방법으로 만들어지는 ⌂ 모양의 두 도형에 색칠하여 얻은 그림을 R_2라 하자.

이와 같은 과정을 계속하여 n번째 얻은 그림 R_n에 색칠되어 있는 부분의 넓이를 S_n이라 할 때, $\lim\limits_{n \to \infty} S_n$의 값은? [3점]

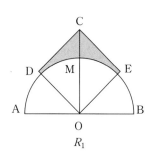

R_1

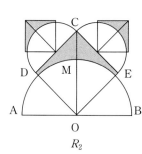

R_2

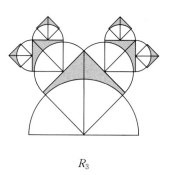

R_3

    · · ·

① $\dfrac{36-8\pi}{5}$

② $\dfrac{58-12\pi}{7}$

③ $\dfrac{72-16\pi}{7}$

④ $\dfrac{83-18\pi}{8}$

⑤ $\dfrac{91-20\pi}{8}$

28　두 상수 a, b와 함수 $f(x) = \dfrac{|x|}{x^2 + 1}$ 에 대하여 함수

$$g(x) = \begin{cases} f(x) & (x < a) \\ f(b - x) & (x \geq a) \end{cases}$$

가 실수 전체의 집합에서 미분가능할 때, $\displaystyle\int_a^{a-b} g(x)\,dx$의 값은? [4점]

① $\dfrac{1}{2}\ln 5$　　　② $\ln 5$　　　③ $\dfrac{3}{2}\ln 5$　　　④ $2\ln 5$　　　⑤ $\dfrac{5}{2}\ln 5$

단답형 (미적분)

29 그림과 같이 반지름의 길이가 1이고 중심각의 크기가 $\frac{\pi}{3}$인 부채꼴 OAB가 있다. 호 AB 위의 점 P를 지나고 선분 OB와 평행한 직선이 선분 OA와 만나는 점을 Q라 하고 $\angle \text{AOP} = \theta$라 하자. 점 A를 지름의 한 끝점으로 하고 지름이 선분 AQ 위에 있으며 선분 PQ에 접하는 반원의 반지름의 길이를 $r(\theta)$라 할 때, $\lim\limits_{\theta \to 0+} \dfrac{r(\theta)}{\theta} = a + b\sqrt{3}$ 이다. $a^2 + b^2$의 값을 구하시오. (단, $0 < \theta < \dfrac{\pi}{3}$이고, a, b는 유리수이다.) [4점]

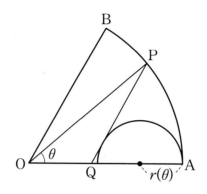

30 함수 $f(x)=(x^3-a)e^x$과 실수 t에 대하여 방정식 $f(x)=t$의 실근의 개수를 $g(t)$라 하자. 함수 $g(t)$가 불연속인 점의 개수가 2가 되도록 하는 10 이하의 모든 자연수 a의 값의 합을 구하시오. (단, $\lim_{x \to -\infty} f(x)=0$) [4점]

※**확인 사항**

○ 답안지의 해당란에 필요한 내용을 정확히 기입(표기)했는지 확인하시오.

○ 이어서, 「선택과목(기하)」 문제가 제시되오니, 자신이 선택한 과목인지 확인하시오.

○○○○학년도 사관학교 · (경찰대) · 수능 대비 실전모의고사 문제지

수 학 영 역

기하

5지선다형 (기하)

23 좌표공간에서 세 점 A$(6, 0, 0)$, B$(0, 3, 0)$, C$(0, 0, -3)$을 꼭짓점으로 하는 삼각형 ABC의 무게중심을 G라 할 때, 선분 OG의 길이는? (단, O는 원점이다.) [2점]

① $\sqrt{2}$　　② 2　　③ $\sqrt{6}$　　④ $2\sqrt{2}$　　⑤ $\sqrt{10}$

24 그림과 같이 타원 $\dfrac{x^2}{100}+\dfrac{y^2}{75}=1$의 두 초점을 F, F′이라 하고, 이 타원 위의 점 P에 대하여

선분 F′P가 타원 $\dfrac{x^2}{49}+\dfrac{y^2}{24}=1$과 만나는 점을 Q라 하자. $\overline{F'Q}=8$일 때, 선분 FP의 길이는?

[3점]

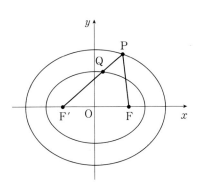

① 7   ② $\dfrac{29}{4}$ ③ $\dfrac{15}{2}$ ④ $\dfrac{31}{4}$ ⑤ 8

25 평면 위에 한 변의 길이가 1인 정삼각형 ABC와 정사각형 BDEC가 그림과 같이 변 BC를 공유하고 있다. 이 때, $\overrightarrow{AC}\cdot\overrightarrow{AD}$의 값은? [3점]

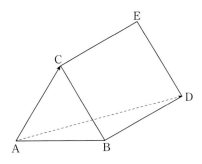

① 1   ② $\sqrt{2}$ ③ $\sqrt{3}$ ④ $\dfrac{1+\sqrt{2}}{2}$ ⑤ $\dfrac{1+\sqrt{3}}{2}$

26 그림과 같이 포물선 $y^2 = 4x$의 초점 F를 지나는 직선이 포물선과 만나는 두 점을 각각 P, Q라 하고, 두 점 P, Q에서 준선에 내린 수선의 발을 각각 A, B라 하자. $\overline{PF} = 5$일 때, 사각형 ABQP의 넓이는? [3점]

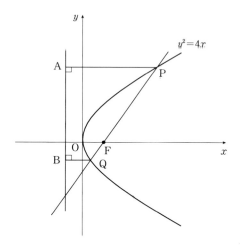

① $\dfrac{57}{4}$ ② $\dfrac{115}{8}$ ③ 15 ④ $\dfrac{125}{8}$ ⑤ $\dfrac{135}{8}$

27 중심이 O이고 반지름의 길이가 1인 구와, 점 O로부터 같은 거리에 있고 서로 수직인 두 평면 α, β가 있다. 그림과 같이 두 평면 α, β의 교선이 구와 만나는 점을 각각 A, B라 하자. 삼각형 OAB가 정삼각형일 때, 점 O와 평면 α 사이의 거리는? [3점]

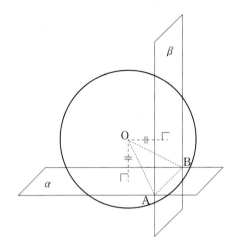

① $\dfrac{\sqrt{2}}{5}$　　　② $\dfrac{\sqrt{6}}{4}$　　　③ $\dfrac{\sqrt{5}}{5}$　　　④ $\dfrac{\sqrt{3}}{6}$　　　⑤ $\dfrac{\sqrt{2}}{2}$

28 그림과 같이 반지름의 길이가 2이고 중심각의 크기가 $\dfrac{\pi}{3}$인 부채꼴 OAB에서 선분 OA의 중점을 M이라 하자. 점 P는 두 선분 OM과 BM 위를 움직이고, 점 Q는 호 AB 위를 움직인다. $\overrightarrow{OR}=\overrightarrow{OP}+\overrightarrow{OQ}$를 만족시키는 점 R가 나타내는 영역 전체의 넓이는? [4점]

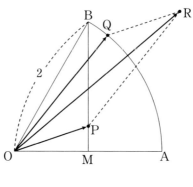

① $\sqrt{3}$ 　② 2 　③ $2\sqrt{3}$ 　④ 4 　⑤ $3\sqrt{3}$

단답형 (기하)

29 그림과 같이 서로 다른 두 평면 α, β의 교선 위에 점 A가 있다. 평면 α 위의 세 점 B, C, D의 평면 β 위로의 정사영을 각각 B′, C′, D′이라 할 때, 사각형 AB′C′D′은 한 변의 길이가 $4\sqrt{2}$ 인 정사각형이고, $\overline{BB'}=\overline{DD'}$이다. 두 평면 α와 β가 이루는 각의 크기를 θ라 할 때, $\tan\theta=\dfrac{3}{4}$ 이다. 선분 BC의 길이를 k라 할 때, k^2의 값을 구하여라.

(단, 선분 BD와 평면 β는 만나지 않는다.) [4점]

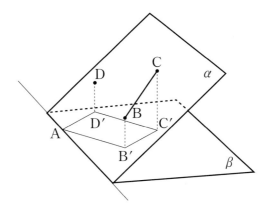

30 그림과 같이 $\overline{AB}=3$, $\overline{BC}=4$인 삼각형 ABC에서 선분 AC를 1:2로 내분하는 점을 D, 선분 AC를 2:1로 내분하는 점을 E라 하자. 선분 BC의 중점을 F라 하고, 두 선분 BE, DF의 교점을 G라 하자. $\overrightarrow{AG}\cdot\overrightarrow{BE}=0$일 때, $\cos(\angle ABC)=\dfrac{q}{p}$이다. $p+q$의 값을 구하시오.
(단, p와 q는 서로소인 자연수이다.) [4점]

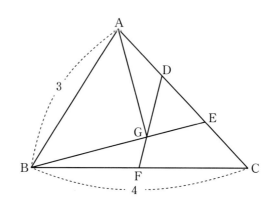

※ 확인 사항
○ 답안지의 해당란에 필요한 내용을 정확히 기입(표기)했는지 확인하시오.

〇〇〇〇학년도 사관학교 · (경찰대) · 수능 대비 실전모의고사 문제지

수 학 영 역

2회

성명		수험번호							

○ **문제지**의 해당란에 성명과 수험번호를 기입하시오.

○ **답안지**의 해당란에 성명과 수험번호를 정확하게 표기하시오.

○ 문항에 따라 배점이 다르니, 각 물음의 끝에 표시된 배점을 참고하시오.

○ 주관식 답의 숫자는 자리에 맞추어 표기하며, '0'이 포함된 경우에는 '0'을
    OMR 답안지에 반드시 표기하시오.

○ 23번부터는 선택과목이니 자신이 선택한 과목(확률과 통계, 미적분,
    기하)의 문제지인지 확인하시오.

※ 시험 시작 전까지 표지를 넘기지 마시오.

공　란

5지선다형 (수학 1, 2)

01 $\int_{-2}^{2}(x+|x|+2)dx$의 값은? [2점]

① 4   ② 6   ③ 8   ④ 10   ⑤ 12

02   방정식 $2^x+\dfrac{16}{2^x}=10$의 모든 실근의 합은? [2점]

① 3   ② $\log_2 10$ ③ $\log_2 12$ ④ $\log_2 14$ ⑤ 4

03 함수 $y=f(x)$의 그래프가 그림과 같다.

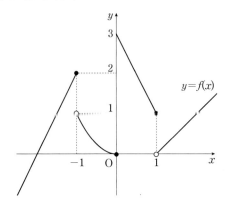

$\displaystyle\lim_{x\to -1+} f(x) + \lim_{x\to 0-} f(x)$의 값은? [3점]

① 1   ② 2   ③ 3   ④ 4   ⑤ 5

04 함수 $y=4^x-1$의 그래프를 x축의 방향으로 a만큼, y축의 방향으로 b만큼 평행이동한 그래프가 함수 $y=2^{2x-3}+3$의 그래프와 일치할 때, ab의 값은? [3점]

① 2   ② 3   ③ 4   ④ 5   ⑤ 6

05 함수

$$f(x) = \begin{cases} \dfrac{\sqrt{x+7}-a}{x-2} & (x \neq 2) \\ b & (x=2) \end{cases}$$

가 $x=2$에서 연속일 때, ab의 값은? (단, a, b는 상수이다.) [3점]

① $\dfrac{1}{2}$　　② $\dfrac{3}{4}$　　③ 1　　④ $\dfrac{5}{4}$　　⑤ $\dfrac{3}{2}$

06 등차수열 $\{a_n\}$에 대하여 첫째항부터 제n항까지의 합을 S_n이라 하자. $S_5=a_1$, $S_{10}=40$일 때, a_{10}의 값은? [3점]

① 10　　② 13　　③ 16　　④ 19　　⑤ 22

07 함수 $f(x)=x(x-3)(x-a)$의 그래프 위의 점 $(0, 0)$에서의 접선과 점 $(3, 0)$에서의 접선이 서로 수직이 되도록 하는 모든 실수 a의 값의 합은? [3점]

① $\dfrac{3}{2}$　　② 2　　③ $\dfrac{5}{2}$　　④ 3　　⑤ $\dfrac{7}{2}$

08 함수 $f(x) = a \sin bx + c \, (a > 0, \ b > 0)$의 최댓값은 4, 최솟값은 -2이다. 모든 실수 x에 대하여 $f(x+p) = f(x)$를 만족시키는 양수 p의 최솟값이 π일 때, abc의 값은? (단, a, b, c는 상수이다.) [3점]

① 6   ② 8   ③ 10   ④ 12   ⑤ 14

09 모든 실수 x에 대하여 부등식

$$x^4 - 4x^3 + 12x \geq 2x^2 + a$$

가 성립할 때, 실수 a의 최댓값은? [4점]

① -11 ② -10 ③ -9 ④ -8 ⑤ -7

10 두 곡선 $y=x^2$, $y=(x-4)^2$와 y축으로 둘러싸인 부분의 넓이를 S_1, 두 곡선 $y=x^2$, $y=(x-4)^2$와 직선 $x=4$로 둘러싸인 부분의 넓이를 S_2라 할 때, S_1+S_2의 값은? [4점]

① 30 　　　　② 32 　　　　③ 34 　　　　④ 36 　　　　⑤ 38

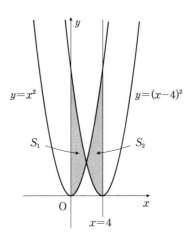

11　$0 \le x \le 2\pi$일 때, 방정식 $\tan 2x \sin 2x = \dfrac{3}{2}$의 모든 해의 합은? [4점]

① 2π　　　　② $\dfrac{5}{2}\pi$　　　　③ 3π　　　　④ $\dfrac{7}{2}\pi$　　　　⑤ 4π

12 자연수 n에 대하여 삼차함수 $y=n(x^3-3x^2)+k$의 그래프가 x축과 만나는 점의 개수가 3이 되도록 하는 정수 k의 개수를 a_n이라 할 때, $\displaystyle\sum_{n=1}^{10}a_n$의 값은? [4점]

① 195   ② 200   ③ 205   ④ 210   ⑤ 215

13 첫째항이 -8인 수열 $\{a_n\}$에 대하여

$$a_{n+1}-2\sum_{k=1}^{n}\frac{a_k}{k}=2^{n+1}(n^2+n+2)\ (n\geq 1)$$

이 성립한다. 다음은 수열 $\{a_n\}$의 일반항을 구하는 과정의 일부이다.

> 주어진 식에 의하여
>
> $$a_n-2\sum_{k=1}^{n-1}\frac{a_k}{k}=2^n(n^2-n+2)\ (n\geq 2)$$
>
> 이다. 따라서 2 이상의 자연수 n에 대하여
>
> $$a_{n+1}-a_n-\frac{2}{n}a_n=\boxed{\text{(가)}}$$
>
> 이므로
>
> $$a_{n+1}-\frac{n+2}{n}a_n=\boxed{\text{(가)}}$$
>
> 이다. $b_n=\dfrac{a_n}{n(n+1)}$이라 하면
>
> $$b_{n+1}-b_n=\boxed{\text{(나)}}\ (n\geq 2)$$
>
> 이고, $b_2=0$이므로
>
> $$b_n=\boxed{\text{(다)}}\ (n\geq 2)$$
>
> 이다.
>
> $\vdots$

위의 (가), (나), (다)에 알맞은 식을 각각 $f(n)$, $g(n)$, $h(n)$이라 할 때, $\dfrac{f(4)}{g(5)}+h(6)$의 값은? [4점]

① 65 ② 70 ③ 75 ④ 80 ⑤ 85

14 그림과 같이 곡선 $y=2^{x-1}+1$ 위의 점 A와 곡선 $y=\log_2(x+1)$ 위의 두 점 B, C에 대하여 두 점 A와 B는 직선 $y=x$에 대하여 대칭이고, 직선 AC는 x축과 평행하다. 삼각형 ABC의 무게중심의 좌표가 $(p,\ q)$일 때, $p+q$의 값은? [4점]

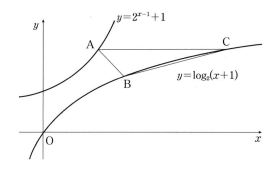

① $\dfrac{16}{3}$ ② $\dfrac{17}{3}$ ③ 6 ④ $\dfrac{19}{3}$ ⑤ $\dfrac{20}{3}$

15 자연수 n에 대하여 좌표평면에 원 C_n을 다음과 같은 규칙으로 그린다.

> (가) 원 C_1의 방정식은 $(x-1)^2+(y-1)^2=1$이다.
>
> (나) 원 C_n의 반지름의 길이는 n이다.
>
> (다) 원 C_{n+1}은 원 C_n과 외접하고, 두 원 C_n, C_{n+1}의 중심을 지나는 직선은 x축 또는 y축과 평행하다.
>
> (라) $n=4k+p$(k는 음이 아닌 정수, $p=1, 2, 3, 4$)일 때, 원 C_n의 중심은 제 p사분면에 있다.

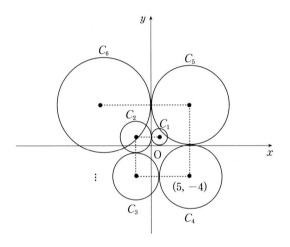

예를 들어 원 C_4의 중심의 좌표는 $(5, -4)$이고 반지름의 길이는 4이다. 원 C_n 중에서 그 중심이 원 C_{40}의 내부에 있는 원의 개수는? [4점]

① 13   ② 15   ③ 17   ④ 19   ⑤ 21

단답형 (수학 1, 2)

16 $\sqrt{3\sqrt[4]{27}}=3^{\frac{q}{p}}$일 때, $p+q$의 값을 구하시오. (단, p와 q는 서로소인 자연수이다.) [3점]

17 다항함수 $f(x)$가 $\lim\limits_{x \to 2} \dfrac{f(x)-3}{x-2} = 4$를 만족시킨다. 함수 $g(x) = x^2 f(x)$에 대하여 $g'(2)$의 값을 구하시오. [3점]

18   수열 $\{a_n\}$에 대하여

$$\sum_{k=1}^{10}(2k+1)^2 a_k=100, \ \sum_{k=1}^{10}k(k+1)a_k=23$$

일 때, $\sum_{k=1}^{10}a_k$의 값을 구하시오. [3점]

19 원점에서 동시에 출발하여 수직선 위를 움직이는 두 점 P, Q의 시각 $t\,(t\geq0)$에서의 속도를 각각 $f(t)$, $g(t)$라 하면

$$f(t)=t^2+t,\ g(t)=5t$$

이다. 두 점 P, Q가 출발 후 처음으로 만날 때까지 점 P가 움직인 거리는? [3점]

① 82   ② 84   ③ 86   ④ 88   ⑤ 90

20 다항함수 $f(x)$가 모든 실수 x에 대하여

$$\int_1^x (2x-1)f(t)dt = x^3 + ax + b$$

일 때, $40 \times f(1)$의 값을 구하시오. (단, a, b는 상수이다.) [4점]

21　$\overline{AB}=5$, $\overline{BC}=7$, $\overline{AC}=6$인 삼각형 ABC가 있다. 두 선분 AB, AC 위에 삼각형 ADE의 외접원이 선분 BC에 접하도록 점 D, E를 각각 잡을 때, 선분 DE의 길이의 최솟값은 $\dfrac{p}{q}$이다. $p+q$의 값을 구하시오. [4점]

22 양수 a에 대하여 함수 $f(x)$는

$$f(x) = \begin{cases} x(x+a)^2 & (x<0) \\ x(x-a)^2 & (x \geq 0) \end{cases}$$

이다. 실수 t에 대하여 곡선 $y=f(x)$와 직선 $y=4x+t$의 서로 다른 교점의 개수를 $g(t)$라 할 때, 함수 $g(t)$가 다음 조건을 만족시킨다.

> (가) 함수 $g(t)$의 최댓값은 5이다.
>
> (나) 함수 $g(t)$가 $t=\alpha$에서 불연속인 α의 개수는 2이다.

$f'(0)$의 값을 구하시오. [4점]

※ 확인 사항

○ 답안지의 해당란에 필요한 내용을 정확히 기입(표기)했는지 확인하시오.

○ 이어서, 「선택과목(확률과 통계)」 문제가 제시되오니, 자신이 선택한 과목인지 확인하시오.

○○○○학년도 사관학교 · (경찰대) · 수능 대비 실전모의고사 문제지

수 학 영 역

확률과 통계

5지선다형 (확률과 통계)

23 두 사건 A, B에 대하여

$$P(A)=\frac{1}{2}, \ P(B)=\frac{2}{5}, \ P(A\cup B)=\frac{4}{5}$$

일 때, $P(B|A)$의 값은? [2점]

① $\dfrac{1}{10}$ ② $\dfrac{1}{5}$ ③ $\dfrac{3}{10}$ ④ $\dfrac{2}{5}$ ⑤ $\dfrac{1}{2}$

24 이산확률변수 X의 확률분포를 표로 나타내면 다음과 같다.

X	0	1	2	3	합계
$P(X=x)$	a	$\frac{1}{3}$	$\frac{1}{4}$	b	1

$E(X)=\dfrac{11}{6}$일 때, $\dfrac{b}{a}$의 값은? (단, a, b는 상수이다.) [3점]

① 1   ② 2   ③ 3   ④ 4   ⑤ 5

25 모든 자리의 수의 합이 10인 다섯 자리 자연수 중 숫자 1, 2, 3을 각각 한 번 이상 사용하는 자연수의 개수는? [3점]

① 120   ② 132   ③ 146   ④ 158   ⑤ 170

26 다음 다항식에서 x^{22}의 계수는? [3점]

$$(x+1)^{24}+x(x+1)^{23}+x^2(x+1)^{22}+\cdots+x^{22}(x+1)^2$$

① 1520 ② 1760 ③ 2020 ④ 2240 ⑤ 2300

27 주머니에 흰 공 1개, 파란 공 2개, 검은 공 3개가 들어 있다. 이 주머니에서 임의로 1개의 공을 꺼내어 색을 확인한 후 꺼낸 공과 같은 색의 공을 1개 추가하여 꺼낸 공과 함께 주머니에 넣는다. 이와 같은 시행을 두 번 반복하여 두 번째 꺼낸 공이 검은 공이었을 때, 첫 번째 꺼낸 공도 검은 공이었을 확률은? (단, 공의 크기와 모양은 모두 같다.) [3점]

① $\dfrac{3}{7}$　　② $\dfrac{10}{21}$　　③ $\dfrac{11}{21}$　　④ $\dfrac{4}{7}$　　⑤ $\dfrac{13}{21}$

28 1부터 9까지의 자연수가 각각 하나씩 적힌 9개의 공이 들어 있는 주머니가 있다. 이 주머니에서 임의로 4개의 공을 동시에 꺼낼 때, 꺼낸 공에 적혀 있는 수 a, b, c, d가 다음 조건을 만족시킬 확률은? [4점]

> (가) $a+b+c+d$는 홀수이다.
>
> (나) $a \times b \times c \times d$는 15의 배수이다.

① $\dfrac{4}{21}$ ② $\dfrac{3}{14}$ ③ $\dfrac{5}{21}$ ④ $\dfrac{11}{42}$ ⑤ $\dfrac{2}{7}$

단답형 (확률과 통계)

29 A도시에서 B도시로 운행하는 고속버스들의 소요시간은 평균이 m분이고, 표준편차가 10분인 정규분포를 따른다고 한다. 이 고속버스들의 소요시간 중에서 크기가 n인 표본을 임의추출하여 구한 표본평균을 $\overline{X}$라 하자.

$$P(m-5 \leq \overline{X} \leq m+5) = 0.9544$$

를 만족시키는 표본의 크기 n의 값을 오른쪽 표준정규분포표를 이용하여 구하시오. [4점]

[표준정규분포표]

z	$P(0 \leq Z \leq z)$
1.0	0.3413
1.5	0.4332
2.0	0.4772
2.5	0.4938

30 그림은 여섯 개의 숫자 1, 2, 3, 4, 5, 6이 하나씩 적혀있는 여섯 장의 카드를 모두 한 번씩 사용하여 일렬로 나열할 때, 이웃한 두 장의 카드 중 왼쪽 카드에 적힌 수가 오른쪽 카드에 적힌 수보다 큰 경우가 한 번만 나타낸 예이다.

이 여섯 장의 카드를 모두 한 번씩 사용하여 임의로 일렬로 나열할 때, 이웃한 두 장의 카드 중 왼쪽 카드에 적힌 수가 오른쪽 카드에 적힌 수보다 큰 경우가 한 번만 나타날 확률은 $\dfrac{q}{p}$ 이다. $p+q$의 값을 구하시오. (단, p와 q는 서로소인 자연수) [4점]

※ **확인 사항**

○ 답안지의 해당란에 필요한 내용을 정확히 기입(표기)했는지 확인하시오.

○ 이어서, 「선택과목(미적분)」 문제가 제시되오니, 자신이 선택한 과목인지 확인하시오.

○○○○학년도 사관학교 · (경찰대) · 수능 대비 실전모의고사 문제지

수 학 영 역 [미적분]

5지선다형 (미적분)

23 $\lim\limits_{n\to\infty}\dfrac{3\times 4^n+3^n}{4^{n+1}-2\times 3^n}$ 의 값은? [2점]

① $\dfrac{1}{2}$　　　② $\dfrac{3}{4}$　　　③ 1　　　④ $\dfrac{5}{4}$　　　⑤ $\dfrac{3}{2}$

24 $0<\alpha<\beta<\dfrac{\pi}{2}$인 두 수 α, β가

$$\sin\alpha\sin\beta=\frac{\sqrt{3}+1}{4},\quad \cos\alpha\cos\beta=\frac{\sqrt{3}-1}{4}$$

을 만족시킬 때, $\cos(3\alpha+\beta)$의 값은? [3점]

① -1 　　② $-\dfrac{\sqrt{3}}{2}$ 　　③ $-\dfrac{\sqrt{2}}{2}$ 　　④ $-\dfrac{1}{2}$ 　　⑤ 0

25 좌표평면 위를 움직이는 점 P의 시각 $t\,(0<t<\pi)$에서의 위치 $\mathrm{P}(x,\,y)$가

$$x=\cos t+2,\quad y=3\sin t+1$$

이다. 시각 $t=\dfrac{\pi}{6}$에서 점 P의 속력은? [3점]

① $\sqrt{5}$ 　　② $\sqrt{6}$ 　　③ $\sqrt{7}$ 　　④ $2\sqrt{2}$ 　　⑤ 3

26 그림과 같이 곡선 $y=\ln\dfrac{1}{x}\left(\dfrac{1}{e}\le x\le 1\right)$과 직선 $x=\dfrac{1}{e}$, 직선 $x=1$ 및 직선 $y=2$로 둘러싸인 도형을 밑면으로 하는 입체도형이 있다. 이 입체도형을 x축 위의 $x=t\left(\dfrac{1}{e}\le t\le 1\right)$인 점을 지나고 x축에 수직인 평면으로 자른 단면이 한 변의 길이가 t인 직사각형일 때, 이 입체도형의 부피는? [3점]

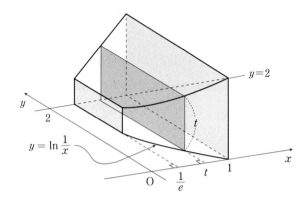

① $\dfrac{1}{2}-\dfrac{1}{3e^2}$ ② $\dfrac{1}{2}-\dfrac{1}{4e^2}$ ③ $\dfrac{3}{4}-\dfrac{1}{3e^2}$ ④ $\dfrac{3}{4}-\dfrac{1}{4e^2}$ ⑤ $\dfrac{3}{4}-\dfrac{1}{5e^2}$

27 그림과 같이 한 변의 길이가 2인 정사각형 $A_1B_1C_1D_1$의 내부에 네 점 A_2, B_2, C_2, D_2를 네 삼각형 $A_2A_1B_1$, $B_2B_1C_1$, $C_2C_1D_1$, $D_2D_1A_1$이 모두 한 내각의 크기가 $150°$인 이등변삼각형이 되도록 잡는다. 네 삼각형 $A_1A_2D_2$, $B_1B_2A_2$, $C_1C_2B_2$, $D_1D_2C_2$의 내부를 색칠하여 얻은 그림을 R_1이라 하자.

그림 R_1에서 정사각형 $A_2B_2C_2D_2$의 내부에 네 점A_3, B_3, C_3, D_3을 네 삼각형 $A_3A_2B_2$, $B_3B_2C_2$, $C_3C_2D_2$, $D_3D_2A_2$가 모두 한 내각의 크기가 $150°$인 이등변삼각형이 되도록 잡는다. 네 삼각형 $A_2A_3D_3$, $B_2B_3A_3$, $C_2C_3B_3$, $D_2D_3C_3$의 내부를 색칠하여 얻은 그림을 R_2라 하자.

이와 같은 과정을 계속하여 n번째 얻은 그림 R_n에 색칠되어 있는 부분의 넓이를 S_n이라 할 때, $\lim\limits_{n \to \infty} S_n$의 값은? [3점]

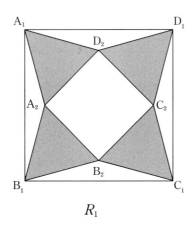
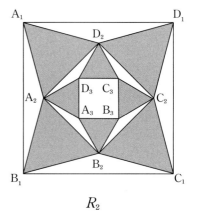

R_1　　　　　　　　　　　R_2

① $5 - \dfrac{3}{2}\sqrt{3}$　　② $6 - 2\sqrt{3}$　　③ $7 - \dfrac{5}{2}\sqrt{3}$　　④ $8 - 3\sqrt{3}$　　⑤ $9 - \dfrac{7}{2}\sqrt{3}$

28 세 상수 $a, b, c(a>0, c>0)$에 대하여 함수

$$f(x)=\begin{cases} -ax^2+6ex+b & (x<c) \\ a(\ln x)^2-6\ln x & (x\geq c) \end{cases}$$

가 다음 조건을 만족시킨다.

> (가) 함수 $f(x)$는 실수 전체의 집합에서 연속이다.
>
> (나) 함수 $f(x)$의 역함수가 존재한다.

$f\left(\dfrac{1}{2e}\right)$의 값은? [4점]

① $-4\left(e^2+\dfrac{1}{4e^2}\right)$
② $-4\left(e^2-\dfrac{1}{4e^2}\right)$
③ $-3\left(e^2+\dfrac{1}{4e^2}\right)$

④ $-3\left(e^2-\dfrac{1}{4e^2}\right)$
⑤ $-2\left(e^2+\dfrac{1}{4e^2}\right)$

단답형 (미적분)

29 그림과 같이 $\overline{AB}=1$이고 $\angle ABC=\dfrac{\pi}{2}$인 직각삼각형 ABC에서 $\angle CAB=\theta$라 하자. 선분 AC를 4:7로 내분하는 점을 D라 하고 점 C에서 선분 BD에 내린 수선의 발을 E라 할 때, 삼각형 CEB의 넓이를 $S(\theta)$라 하자. $\displaystyle\lim_{\theta\to0+}\dfrac{S(\theta)}{\theta^3}=\dfrac{q}{p}$일 때, $p+q$의 값을 구하시오.

(단, $0<\theta<\dfrac{\pi}{4}$이고, p와 q는 서로소인 자연수이다.) [4점]

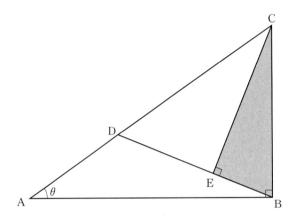

30 최고차항의 계수가 1인 삼차함수 $f(x)$에 대하여 함수

$$g(x) = \int_0^x \frac{f(t)}{|t|+1}dt$$

가 다음 조건을 만족시킨다.

> (가) $g'(2) = 0$
>
> (나) 모든 실수 x에 대하여 $g(x) \geq 0$이다.

$g'(-1)$의 값이 최대가 되도록 하는 함수 $f(x)$에 대하여

$$f(-1) = \frac{n}{m - 3\ln 3}$$

일 때, $|m \times n|$의 값을 구하시오. (단, m, n은 정수이고, $\ln 3$은 $1 < \ln 3 < 1.1$인 무리수이다.)

[4점]

※확인 사항

○ 답안지의 해당란에 필요한 내용을 정확히 기입(표기)했는지 확인하시오.

○ 이어서, 「**선택과목(기하)**」 문제가 제시되오니, 자신이 선택한 과목인지 확인하시오.

○○○○학년도 사관학교 · (경찰대) · 수능 대비 실전모의고사 문제지

수 학 영 역 　기하

5지선다형 (기하)

23 두 벡터 $\vec{a}, \vec{b}$가 $|\vec{a}| = 3$, $|\vec{b}| = 5$, $|\vec{a} + \vec{b}| = 7$을 만족시킬 때, $(2\vec{a} + 3\vec{b}) \cdot (2\vec{a} - \vec{b})$의 값은? [2점]

① -1 　　② -3 　　③ -5 　　④ -7 　　⑤ -9

24 초점이 F인 포물선 $y^2=4x$ 위의 점 P$(a, 6)$에 대하여 $\overline{\text{PF}}=k$이다. $a+k$의 값은? [3점]

① 16   ② 17   ③ 18   ④ 19   ⑤ 20

25 그림과 같이 한 변의 길이가 2인 정삼각형 ABC를 밑면으로 하고 $\overline{\text{OA}}=2$, $\overline{\text{OA}}\perp\overline{\text{AB}}$, $\overline{\text{OA}}\perp\overline{\text{AC}}$인 사면체 OABC가 있다. $|\overrightarrow{\text{OA}}+\overrightarrow{\text{OB}}-\overrightarrow{\text{OC}}|$의 값은? [3점]

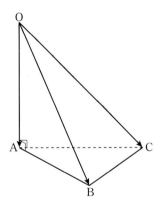

① 2   ② $2\sqrt{2}$ ③ $2\sqrt{3}$ ④ 4   ⑤ $2\sqrt{5}$

26 평면 α 위에 있는 서로 다른 두 점 A, B와 평면 α 위에 있지 않은 점 P에 대하여 삼각형 PAB는 한 변의 길이가 6인 정삼각형이다. 점 P에서 평면 α에 내린 수선의 발 H에 대하여 $\overline{PH}=4$일 때, 삼각형 HAB의 넓이는? [3점]

① $3\sqrt{3}$ ② $3\sqrt{5}$ ③ $3\sqrt{7}$ ④ 9   ⑤ $3\sqrt{11}$

27 그림과 같이 쌍곡선 $4x^2-y^2=4$ 위의 점 $P(\sqrt{2}, 2)$에서의 접선을 l이라 하고, 이 쌍곡선의 두 점근선 중 기울기가 양수인 것을 m, 기울기가 음수인 것을 n이라 하자. l과 m의 교점을 Q, l과 n의 교점을 R라 할 때, $\overline{QR}=k\overline{PQ}$를 만족시키는 k의 값은? [3점]

① $\sqrt{2}$　　　② $\dfrac{3}{2}$　　　③ 2　　　④ $\dfrac{7}{3}$　　　⑤ $1+\sqrt{2}$

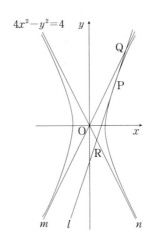

28　좌표평면 위를 움직이는 두 점 $A(2+\sin\theta,\ 2\sqrt{3}+\sqrt{3}\sin\theta)$, $B(\cos\theta,\ -\sqrt{3}\cos\theta)$와 점 $C(1,\ 0)$에 대하여 선분 AB의 중점을 M이라 하고, $\overline{CM}$이 최대일 때 점 M을 D, $\overline{CM}$이 최소일 때 점 M을 E라 하자. 옳은 것만을 [보기]에서 있는 대로 고른 것은? (단, $0\le\theta<2\pi$) [4점]

─〔 보 기 〕─

ㄱ. 점 M이 그리는 도형은 타원이다.

ㄴ. $\overline{CD}+\overline{CE}=2\sqrt{3}$

ㄷ. $\angle DOE=\alpha$라 하면 $\tan\alpha=\dfrac{2}{5}\sqrt{6}$이다.

(단, O는 원점이다.)

① ㄱ　　　② ㄴ　　　③ ㄱ, ㄴ　　　④ ㄴ, ㄷ　　　⑤ ㄱ, ㄴ, ㄷ

단답형 (기하)

29

그림과 같이 한 변의 길이가 6인 정삼각형 ACD를 한 면으로 하는 사면체 ABCD가 다음 조건을 만족시킨다.

> (가) $\overline{BC}=3\sqrt{10}$
>
> (나) $\overline{AB}\perp\overline{AC}$, $\overline{AB}\perp\overline{AD}$

두 모서리 AC, AD의 중점을 각각 M, N이라 할 때, 삼각형 BMN의 평면 BCD 위로의 정사영의 넓이를 S라 하자. $40\times S$의 값을 구하시오. [4점]

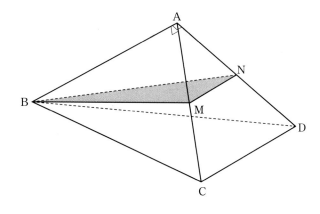

30 그림과 같이 한 변의 길이가 2인 정삼각형 ABC와 반지름의 길이가 1이고 선분 AB와 직선 BC에 동시에 접하는 원 O가 있다. 원 O 위의 점 P와 선분 BC 위의 점 Q에 대하여 $\overline{\mathrm{AP}} \cdot \overline{\mathrm{AQ}}$의 최댓값과 최솟값의 합은 $a+b\sqrt{3}$이다. a^2+b^2의 값을 구하시오.
(단, a, b는 유리수이고, 원 O의 중심은 삼각형 ABC의 외부에 있다.) [4점]

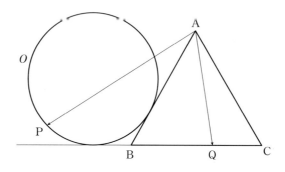

○○○○학년도 사관학교 · (경찰대) · 수능 대비 실전모의고사 문제지

수 학 영 역

3회

성명		수험번호							

○ **문제지**의 해당란에 성명과 수험번호를 기입하시오.

○ **답안지**의 해당란에 성명과 수험번호를 정확하게 표기하시오.

○ 문항에 따라 배점이 다르니, 각 물음의 끝에 표시된 배점을 참고하시오.

○ 주관식 답의 숫자는 자리에 맞추어 표기하며, '0'이 포함된 경우에는 '0'을 OMR 답안지에 반드시 표기하시오.

○ 23번부터는 선택과목이니 자신이 선택한 과목(확률과 통계, 미적분, 기하)의 문제지인지 확인하시오.

※ 시험 시작 전까지 표지를 넘기지 마시오.

공　란

5지선다형 (수학 1, 2)

01

$\sin\theta=-\dfrac{1}{3}$일 때, $\dfrac{\cos\theta}{\tan\theta}$의 값은? [2점]

① -4 ② $-\dfrac{11}{3}$ ③ $-\dfrac{10}{3}$ ④ -3 ⑤ $-\dfrac{8}{3}$

02

다항함수 $f(x)$가 $\displaystyle\lim_{x\to\infty}\dfrac{f(x)-2x^3}{3x^2}=1$, $\displaystyle\lim_{x\to0}\dfrac{f(x)}{x}=-12$를 만족시킬 때, $f(1)$의 값은? [2점]

① -7 ② -5 ③ -3 ④ 1 ⑤ 2

03 다항함수 $g(x)$에 대하여 함수 $f(x)=x^2 g(x)$이고 $g(1)=3$, $g'(1)=5$일 때, 미분계수 $f'(1)$의 값은? [3점]

① 8   ② 9   ③ 10   ④ 11   ⑤ 12

04 1이 아닌 두 양수 a, b에 대하여 등식

$$\log_3 a = \frac{1}{\log_b 27}$$

이 성립할 때, $\log_a b^2 + \log_b a^2$의 값은? [3점]

① 6   ② $\dfrac{20}{3}$ ③ $\dfrac{22}{3}$ ④ 8   ⑤ $\dfrac{26}{3}$

05 x에 대한 연립부등식

$$\begin{cases} \left(\dfrac{1}{2}\right)^{1-x} \ge \left(\dfrac{1}{16}\right)^{x-1} \\ \log_2 4x < \log_2 (x+k) \end{cases}$$

의 해가 존재하지 않도록 하는 양수 k의 최댓값은? [3점]

① 3   ② 4   ③ 5   ④ 6   ⑤ 7

06 직선 $y=\dfrac{1}{2}(x+1)$ 위에 두 점 $A(-1, 0)$과 $P\left(t, \dfrac{t+1}{2}\right)$이 있다. 점 P를 지나고 직선 $y=\dfrac{1}{2}(x+1)$에 수직인 직선이 y축과 만나는 점을 Q라 할 때, $\lim\limits_{t\to\infty} \dfrac{\overline{AQ}}{\overline{AP}}$의 값은? [3점]

① $\sqrt{3}$ ② 2   ③ $\sqrt{5}$ ④ $\sqrt{6}$ ⑤ $\sqrt{7}$

07

수열 $\{a_n\}$을 다음과 같이 정의하자.

$$a_n = \int_0^1 x^n(x-1)dx \ (n=1, 2, 3, \cdots)$$

$\sum\limits_{n=1}^{10} a_n$의 값은? [3점]

① $-\dfrac{5}{12}$ ② $-\dfrac{1}{3}$ ③ $-\dfrac{1}{4}$ ④ $-\dfrac{1}{6}$ ⑤ $-\dfrac{1}{12}$

08 $0 \le x < 2\pi$일 때, 방정식 $\cos^2 3x - \sin 3x + 1 = 0$의 모든 실근의 합은? [3점]

① $\dfrac{3}{2}\pi$　　　② $\dfrac{7}{4}\pi$　　　③ 2π　　　④ $\dfrac{9}{4}\pi$　　　⑤ $\dfrac{5}{2}\pi$

09 삼차함수 $f(x)=x^3-3x$가 있다. 임의의 양의 실수 a에 대하여 $f(a) \geq f(b)$를 만족시키는 음의 실수 b의 최댓값은? [4점]

① -6 ② -5 ③ -4 ④ -3 ⑤ -2

10 수열 $\{a_n\}$은 $a_1=4$이고, 모든 자연수 n에 대하여

$$a_{n+1}=\begin{cases}\dfrac{a_n}{2-a_n} & (a_n>2)\\[2mm] a_n+2 & (a_n\le 2)\end{cases}$$

이다. $\displaystyle\sum_{k=1}^{m}a_k=12$를 만족시키는 자연수 m의 최솟값은? [4점]

① 7　　　　② 8　　　　③ 9　　　　④ 10　　　　⑤ 11

11 함수 $y=f(x)$의 그래프가 그림과 같다.

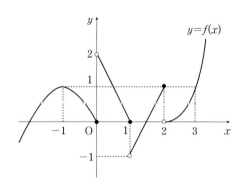

옳은 것만을 [보기]에서 있는 대로 고른 것은? [4점]

──── 보 기 ────

ㄱ. 함수 $f(x-1)$은 $x=0$에서 연속이다.

ㄴ. 함수 $f(x)f(-x)$는 $x=1$에서 연속이다.

ㄷ. 함수 $f(f(x))$는 $x=3$에서 불연속이다.

① ㄱ   ② ㄱ, ㄴ   ③ ㄱ, ㄷ   ④ ㄴ, ㄷ   ⑤ ㄱ, ㄴ, ㄷ

12 다항함수 $f(x)$가 모든 실수 x에 대하여

$$x^2\int_1^x f(t)dt - \int_1^x t^2 f(t)dt = x^4 + ax^3 + bx^2$$

을 만족시킬 때, $f(5)$의 값은? (단, a와 b는 상수이다.) [4점]

① 17   ② 19   ③ 21   ④ 23   ⑤ 25

13 다음은 모든 자연수 n에 대하여 등식

$$\sum_{k=1}^{n} k^2 \left\{ \frac{1}{k(2k+1)} + \frac{1}{(k+1)(2k+3)} + \frac{1}{(k+2)(2k+5)} + \cdots + \frac{1}{n(2n+1)} \right\} = \frac{n(n+3)}{12}$$

이 성립함을 수학적귀납법으로 증명한 것이다.

(1) $n=1$일 때 (좌변)$=\frac{1}{3}$, (우변)$=\frac{1}{3}$이므로 주어진 등식은 성립한다.

(2) $n=m$일 때 성립한다고 가정하면

$$\sum_{k=1}^{m} k^2 \left\{ \frac{1}{k(2k+1)} + \frac{1}{(k+1)(2k+3)} + \frac{1}{(k+2)(2k+5)} + \cdots + \frac{1}{m(2m+1)} \right\}$$
$$= \frac{m(m+3)}{12}$$

이제, $n=m+1$일 때 성립함을 보이자.

$$\sum_{k=1}^{m+1} k^2 \left\{ \frac{1}{k(2k+1)} + \frac{1}{(k+1)(2k+3)} + \frac{1}{(k+2)(2k+5)} + \cdots + \frac{1}{(m+1)(2m+3))} \right\}$$

$$= \sum_{k=1}^{m} k^2 \left\{ \frac{1}{k(2k+1)} + \frac{1}{(k+1)(2k+3)} + \frac{1}{(k+2)(2k+5)} + \cdots \right.$$
$$\left. + \frac{1}{(m+1)(2m+3))} \right\} + \frac{\boxed{(가)}}{2m+3}$$

$$= \sum_{k=1}^{m} k^2 \left\{ \frac{1}{k(2k+1)} + \frac{1}{(k+1)(2k+3)} + \frac{1}{(k+2)(2k+5)} + \cdots \right.$$
$$\left. + \frac{1}{\boxed{(나)}} \right\} + \frac{1}{(m+1)(2m+3)} \sum_{k=1}^{m} k^2 + \frac{\boxed{(가)}}{2m+3}$$

$$= \frac{m(m+3)}{12} + \frac{1}{(m+1)(2m+3)} \sum_{k=1}^{m+1} \boxed{(다)} = \frac{(m+1)(m+4)}{12}$$

그러므로 $n=m+1$일 때도 성립한다.

따라서 (1), (2)에 의하여 모든 자연수 n에 대하여

주어진 등식은 성립한다.

위의 증명에서 (가), (나), (다)에 알맞은 것을 차례대로 나열한 것은? [4점]

	(가)	(나)	(다)
①	m	$(m+1)(2m+3)$	$(k-1)^2$
②	m	$m(2m+1)$	$(k-1)^2$
③	$m+1$	$m(2m+1)$	$(k-1)^2$
④	$m+1$	$(m+1)(2m+3)$	k^2
⑤	$m+1$	$m(2m+1)$	k^2

14 그림과 같이 직선 $y=x+k(3<k<9)$가 곡선 $y=-x^2+9$와 만나는 두 점을 각각 P, Q라 하고, y축과 만나는 점을 R라 하자. [보기]에서 옳은 것만을 있는 대로 고른 것은? (단, O는 원점이고, 점 P의 x좌표는 점 Q의 x좌표보다 크다.) [4점]

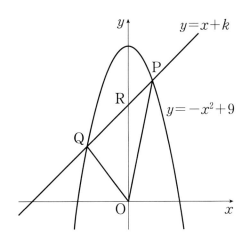

┌──── 보 기 ────┐

ㄱ. 선분 PQ의 중점의 x좌표는 $-\dfrac{1}{2}$이다.

ㄴ. $k=7$일 때, 삼각형 ORQ의 넓이는 삼각형 OPR의 넓이의 2배이다.

ㄷ. 삼각형 OPQ의 넓이는 $k=6$일 때 최대이다.

① ㄱ   ② ㄷ   ③ ㄱ, ㄴ   ④ ㄴ, ㄷ   ⑤ ㄱ, ㄴ, ㄷ

15 1보다 큰 실수 a에 대하여 두 함수 $f(x)=a^{2x}$, $g(x)=a^{x+1}-2$가 있다. 실수 전체의 집합에서 정의된 함수 $h(x)$를 $h(x)=|f(x)-g(x)|$라 하자. $y=h(x)$의 그래프에 대한 설명으로 옳은 것만을 보기에서 있는 대로 고른 것은? [4점]

ㄱ. $a=2\sqrt{2}$일 때 $y=h(x)$의 그래프와 x축은 한 점에서 만난다.

ㄴ. $a=4$일 때 $x_1<x_2<\dfrac{1}{2}$이면 $h(x_1)>h(x_2)$이다.

ㄷ. $y=h(x)$의 그래프와 직선 $y=1$이 오직 한 점에서 만나는 a의 값이 존재한다.

---

① ㄱ   ② ㄱ, ㄴ   ③ ㄱ, ㄷ   ④ ㄴ, ㄷ   ⑤ ㄱ, ㄴ, ㄷ

단답형 (수학 1, 2)

16 세 실수 a, b, c가 $ab=12$, $bc=8$, $2^a=27$을 만족시킬 때, 4^c의 값을 구하시오. [3점]

17 정적분 $\displaystyle\int_2^6 \frac{x^2(x^2+2x+4)}{x+2}dx+\int_6^2 \frac{4(y^2+2y+4)}{y+2}dy$의 값을 구하시오. [3점]

18   등차수열 $\{a_n\}$에 대하여 $a_1+a_3+a_{13}+a_{15}=72$일 때, $\sum\limits_{n=1}^{15} a_n$의 값을 구하여라. [3점]

19 곡선 $y=x^3+x-3$과 이 곡선 위의 점 $(1, -1)$에서의 접선으로 둘러싸인 부분의 넓이가 $\dfrac{q}{p}$ 일 때, $p+q$의 값을 구하시오. (단, p와 q는 서로소인 자연수이다.) [3점]

20 모든 자연수 n에 대하여 곡선 $y=\sqrt{x}$ 위의 점 $A_n(n^2, n)$과 곡선 $y=-x^2(x\geq0)$ 위의 점 B_n

이 $\overline{OA_n}=\overline{OB_n}$을 만족시킨다. 삼각형 A_nOB_n의 넓이를 S_n이라 할 때, $\displaystyle\sum_{n=1}^{10}\frac{2S_n}{n^2}$의 값을 구하

시오. (단, O는 원점이다.) [4점]

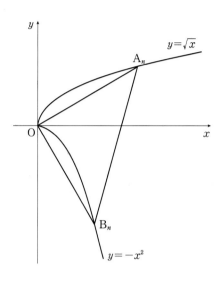

21 △ABC에서 $\overline{AB}=x$, $\overline{BC}=x+1$, $\overline{AC}=x+2$이고 $\angle B=2\theta$, $\angle C=\theta$일 때, $\cos\theta$의 값을 k라 하자. $64k^2$의 값을 구하시오. [4점]

22 최고차항의 계수가 1인 삼차함수 $f(x)$에 대하여 곡선 $y=f(x)$가 y축과 만나는 점을 A라 하자. 곡선 $y=f(x)$ 위의 점 A에서의 접선을 l이라 할 때, 직선 l이 곡선 $y=f(x)$와 만나는 점 중에서 A가 아닌 점을 B라 하자. 또, 곡선 $y=f(x)$ 위의 점 B에서의 접선을 m이라 할 때, 직선 m이 곡선 $y=f(x)$와 만나는 점 중에서 B가 아닌 점을 C라 하자. 두 직선 l, m이 서로 수직이고 직선 m의 방정식이 $y=x$일 때, 곡선 $y=f(x)$ 위의 점 C에서의 접선의 기울기를 구하시오. (단, $f(0)>0$이다.) [4점]

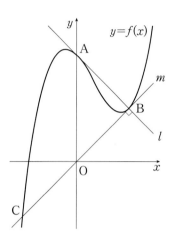

※ 확인 사항
○ 답안지의 해당란에 필요한 내용을 정확히 기입(표기)했는지 확인하시오.
○ 이어서, 「선택과목(확률과 통계)」 문제가 제시되오니, 자신이 선택한 과목인지 확인하시오.

○○○○학년도 사관학교 · (경찰대) · 수능 대비 실전모의고사 문제지

수 학 영 역

확률과 통계

23 두 사건 A, B에 대하여 $P(A^c \cap B) = = \frac{1}{5}$, $P(B|A^c) = \frac{3}{7}$일 때, $P(A)$의 값은?

(단, A^c는 A의 여사건이다.) [2점]

① $\frac{2}{15}$ ② $\frac{4}{15}$ ③ $\frac{2}{5}$ ④ $\frac{8}{15}$ ⑤ $\frac{2}{3}$

24 두 학생 A, B를 포함한 8명의 학생을 임의로 3명, 3명, 2명씩 3개의 조로 나눌 때, 두 학생 A, B가 같은 조에 속할 확률은? [3점]

① $\dfrac{1}{8}$ ② $\dfrac{1}{4}$ ③ $\dfrac{3}{8}$ ④ $\dfrac{1}{2}$ ⑤ $\dfrac{5}{8}$

25 어느 사관생도가 1회의 사격을 하여 표적에 명중시킬 확률이 $\dfrac{4}{5}$이다. 이 사관생도가 20회의 사격을 할 때, 표적에 명중시키는 횟수를 확률변수 X라 하자. $V\!\left(\dfrac{1}{4}X+1\right)$의 값은? (단, 이 사관생도가 매회 사격을 하는 시행은 독립시행이다.) [3점]

① $\dfrac{1}{5}$ ② $\dfrac{2}{5}$ ③ $\dfrac{3}{5}$ ④ $\dfrac{4}{5}$ ⑤ 1

26 주머니 A에는 흰 공 2개, 검은 공 4개가 들어 있고, 주머니 B에는 흰 공 4개, 검은 공 2개가 들어 있다. 주머니 A에서 임의로 2개의 공을 꺼내어 주머니 B에 넣고 섞은 다음 주머니 B에서 임의로 2개의 공을 꺼내어 주머니 A에 넣었더니 두 주머니에 있는 검은 공의 개수가 서로 같아졌다. 이때 주머니 A에서 꺼낸 공이 모두 검은 공이었을 확률은? [3점]

① $\dfrac{6}{11}$ ② $\dfrac{13}{22}$ ③ $\dfrac{7}{11}$ ④ $\dfrac{15}{22}$ ⑤ $\dfrac{8}{11}$

27 주머니에 1, 1, 1, 2, 2, 3의 숫자가 하나씩 적혀 있는 6개의 공이 들어 있다. 이 주머니에서 임의로 2개의 공을 동시에 꺼낼 때, 꺼낸 공에 적힌 두 수의 차를 확률변수 X라 하자. $E(X)$의 값은? [3점]

① $\dfrac{14}{15}$ ② 1 ③ $\dfrac{16}{15}$ ④ $\dfrac{17}{15}$ ⑤ $\dfrac{6}{5}$

28 $(x-y+1)^{n+2}$의 전개식에서 $x^n y^2$의 계수를 $f(n)$이라 할 때,

$$\frac{1}{f(1)} + \frac{1}{f(2)} + \frac{1}{f(3)} + \cdots + \frac{1}{f(2020)} = \frac{a}{b}$$

이다. $a+b$의 값은? (단, a, b는 서로소인 자연수이다.) [4점]

① 2019   ② 2020   ③ 2021   ④ 2022   ⑤ 2023

단답형 (확률과 통계)

29 그림과 같이 10개의 공이 들어 있는 주머니와 일렬로 나열된 네 상자 A, B, C, D가 있다. 이 주머니에서 2개의 공을 동시에 꺼내어 이웃한 두 상자에 각각 한 개씩 넣는 시행을 5회 반복할 때, 네 상자 A, B, C, D에 들어 있는 공의 개수를 각각 a, b, c, d라 하자. a, b, c, d의 모든 순서쌍 (a, b, c, d)의 개수를 구하시오. (단, 상자에 넣은 공은 다시 꺼내지 않는다.) [4점]

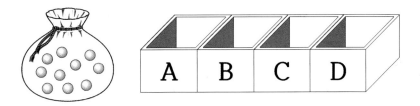

30 1부터 11까지의 자연수가 하나씩 적혀 있는 11장의 카드 중에서 임의로 두 장의 카드를 동시에 택할 때, 택한 카드에 적혀 있는 숫자를 각각 m, $n(m<n)$이라 하자. 좌표평면 위의 세 점 A$(1, 0)$, B$\left(\cos\dfrac{m\pi}{6}, \sin\dfrac{m\pi}{6}\right)$, C$\left(\cos\dfrac{n\pi}{6}, \sin\dfrac{n\pi}{6}\right)$에 대하여 삼각형 ABC가 이등변삼각형일 확률이 $\dfrac{q}{p}$일 때, $p+q$의 값을 구하시오. (단, p와 q는 서로소인 자연수이다.) [4점]

※ 확인 사항

○ 답안지의 해당란에 필요한 내용을 정확히 기입(표기)했는지 확인하시오.

○ 이어서, 「선택과목(미적분)」 문제가 제시되오니, 자신이 선택한 과목인지 확인하시오.

○○○○학년도 사관학교 · (경찰대) · 수능 대비 실전모의고사 문제지

수 학 영 역 미적분

23 $\lim\limits_{n \to \infty} \dfrac{3^n + 2^{n+1}}{3^{n+1} - 2^n}$ 의 값은? [2점]

① $\dfrac{1}{3}$ ② $\dfrac{1}{2}$ ③ 1   ④ 2   ⑤ 3

24 $\displaystyle\lim_{x \to \frac{\pi}{2}} (1-\cos x)^{\sec x}$ 의 값은? [3점]

① $\dfrac{1}{e^2}$　　② $\dfrac{1}{e}$　　③ 1　　④ e　　⑤ e^2

25 좌표평면 위를 움직이는 점 P의 시각 t에서의 x, y좌표가 각각 $x=t-\sin 2t$, $y=1-\cos 2t$일 때, 점 P의 속력의 최댓값은? (단, $t \geq 0$) [3점]

① 3　　② $2\sqrt{3}$　　③ 4　　④ $3\sqrt{2}$　　⑤ $2\sqrt{5}$

26

$x \geq 0$에서 정의된 함수 $f(x) = \dfrac{4}{1+x^2}$의 역함수를 $g(x)$라 할 때, $\displaystyle\lim_{n \to \infty} \frac{1}{n} \sum_{k=1}^{n} g\left(1 + \frac{3k}{n}\right)$의 값은?

[3점]

① $\dfrac{\pi - \sqrt{3}}{3}$ ② $\dfrac{\pi + \sqrt{3}}{3}$ ③ $\dfrac{4\pi - 3\sqrt{3}}{9}$ ④ $\dfrac{4\pi + 3\sqrt{3}}{9}$ ⑤ $\dfrac{2\pi - \sqrt{3}}{3}$

27 그림과 같이 두 곡선 $y=\dfrac{3}{x}$, $y=\sqrt{\ln x}$ 와 두 직선 $x=1$, $x=e$로 둘러싸인 도형을 밑면으로 하는 입체도형이 있다. 이 입체도형을 x축에 수직인 평면으로 자른 단면이 모두 정사각형일 때, 이 입체도형의 부피는? [3점]

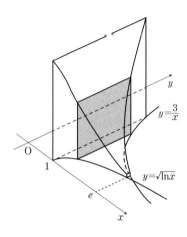

① $5-\dfrac{9}{e}$ 　　② $5-\dfrac{8}{e}$ 　　③ $5-\dfrac{7}{e}$ 　　④ $6-\dfrac{9}{e}$ 　　⑤ $6-\dfrac{8}{e}$

28　그림과 같이 한 변의 길이가 6인 정사각형 $A_1B_1C_1D$에서 선분 A_1D를 1:2로 내분하는 점을 E_1이라 하고, 세 점 B_1, C_1, E_1을 지나는 원의 중심을 O_1이라 하자. 삼각형 $E_1B_1C_1$의 내부와 삼각형 $O_1B_1C_1$의 외부의 공통부분에 색칠하여 얻은 그림을 R_1이라 하자.

그림 R_1에서 선분 E_1D 위의 점 A_2, 선분 E_1C_1 위의 점 B_2, 선분 C_1D 위의 점 C_2와 점 D를 꼭짓점으로 하는 정사각형 $A_2B_2C_2D$를 그린다. 정사각형 $A_2B_2C_2D$에서 선분 A_2D를 1:2로 내분하는 점을 E_2라 하고, 세 점 B_2, C_2, E_2를 지나는 원의 중심을 O_2라 하자. 삼각형 $E_2B_2C_2$의 내부와 삼각형 $O_2B_2C_2$의 외부의 공통부분에 색칠하여 얻은 그림을 R_2라 하자.

이와 같은 과정을 계속하여 n번째 얻은 그림 R_n에 색칠되어 있는 부분의 넓이를 S_n이라 할 때, $\lim\limits_{n \to \infty} S_n$의 값은? [4점]

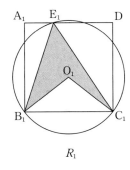
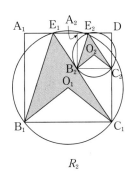

$$R_1 \qquad\qquad R_2 \qquad \cdots$$

① $\dfrac{90}{7}$　　② $\dfrac{275}{21}$　　③ $\dfrac{40}{3}$　　④ $\dfrac{95}{7}$　　⑤ $\dfrac{290}{21}$

29 그림과 같이 $\overline{AB}=2$, $\overline{BC}=2\sqrt{3}$, $\angle ABC=\dfrac{\pi}{2}$인 직각삼각형 ABC가 있다. 선분 CA 위의 점 P에 대하여 $\angle ABP=\theta$라 할 때, 선분 AB 위의 점 O를 중심으로 하고 두 선분 AP, BP에 동시에 접하는 원의 넓이를 $f(\theta)$라 하자. 이 원과 선분 PO가 만나는 점을 Q라 할 때, 선분 PQ를 지름으로 하는 원의 넓이를 $g(\theta)$라 하자. $\displaystyle\lim_{\theta\to0+}\dfrac{f(\theta)+g(\theta)}{\theta^2}=\dfrac{p+q\sqrt{3}}{r}\pi$일 때, $p+q+r$의 값을 구하시오. [4점]

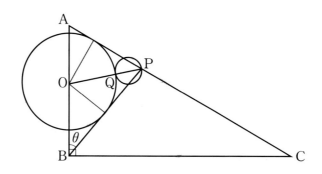

30 두 함수 $f(x)=x^2-ax+b(a>0)$, $g(x)=x^2e^{-\frac{x}{2}}$에 대하여 상수 k와 함수 $h(x)=(f\circ g)(x)$가 다음 조건을 만족시킨다.

> (가) $h(0)<h(4)$
>
> (나) 방정식 $|h(x)|=k$의 서로 다른 실근의 개수는 7이고,
> 　　그 중 가장 큰 실근을 α라 할 때, 함수 $h(x)$는 $x=\alpha$에서
> 　　극소이다.

$f(1)=-\dfrac{7}{32}$일 때, 두 상수 a, b에 대하여 $a+16b$의 값을 구하시오.

(단, $\dfrac{5}{2}<e<3$이고, $\lim\limits_{x\to\infty}g(x)=0$이다.) [4점]

※**확인 사항**

○ 답안지의 해당란에 필요한 내용을 정확히 기입(표기)했는지 확인하시오.

○ 이어서, 「선택과목(기하)」 문제가 제시되오니, 자신이 선택한 과목인지 확인하시오.

○○○○학년도 사관학교 · (경찰대) · 수능 대비 실전모의고사 문제지

수 학 영 역

기하

5지선다형 (기하)

23 두 벡터 $\vec{a}$, $\vec{b}$가 이루는 각의 크기가 $60°$이고, $|\vec{a}|=2$, $|\vec{b}|=3$일 때, $|\vec{a}-2\vec{b}|$의 값은? [2점]

① $3\sqrt{2}$ ② $2\sqrt{6}$ ③ $2\sqrt{7}$ ④ $4\sqrt{2}$ ⑤ 6

24 좌표공간에서 두 점 $A(5, a, -3)$, $B(6, 4, b)$에 대하여 선분 AB를 $3:2$로 외분하는 점이 x축 위에 있을 때, $a+b$의 값은? [3점]

① 3   ② 4   ③ 5   ④ 6   ⑤ 7

25 그림과 같이 쌍곡선 $\dfrac{x^2}{a^2} - \dfrac{y^2}{b^2} = 1$의 한 초점 $F(c, 0)$을 지나고 y축에 평행한 직선이 이 쌍곡선과 만나는 점을 각각 A, B라 하자. $\overline{AB} = \sqrt{2}\,c$일 때, a와 b 사이의 관계식은? (단, $a>0$, $b>0$, $c>0$) [3점]

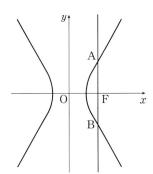

① $a=b$ ② $a=\sqrt{2}\,b$ ③ $2a=3b$ ④ $a=\sqrt{3}\,b$ ⑤ $a=2b$

26 좌표평면에서 타원 $\dfrac{x^2}{25}+\dfrac{y^2}{9}=1$의 두 초점을 $F(c,\,0)$, $F'(-c,\,0)\,(c>0)$이라 하자. 이 타원 위의 제1사분면에 있는 점 P에 대하여 점 F'을 중심으로 하고 점 P를 지나는 원과 직선 PF'이 만나는 점 중 P가 아닌 점을 Q라 하고, 점 F를 중심으로 하고 점 P를 지나는 원과 직선 PF가 만나는 점 중 P가 아닌 점을 R라 할 때, 삼각형 PQR의 둘레의 길이는? [3점]

① 32   ② 34   ③ 36   ④ 38   ⑤ 40

27 그림과 같이 포물선 $y^2=4x$ 위의 한 점 P를 중심으로 하고 준선과 점 A에서 접하는 원이 x축 과 만나는 두 점을 각각 B, C라 하자. 부채꼴 PBC의 넓이가 부채꼴 PAB의 넓이의 2배일 때, 원의 반지름의 길이는? (단, 점 P의 x좌표는 1보다 크고, 점 C의 x좌표는 점 B의 x좌표보다 크다.) [3점]

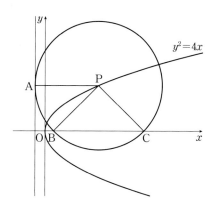

① $2+2\sqrt{3}$ ② $3+2\sqrt{2}$ ③ $3+2\sqrt{3}$ ④ $4+2\sqrt{2}$ ⑤ $4+2\sqrt{3}$

28 그림과 같이 한 모서리의 길이가 12인 정사면체 ABCD에서 두 모서리 BD, CD의 중점을 각 각 M, N이라 하자. 사각형 BCNM의 평면 AMN 위로의 정사영의 넓이는? [4점]

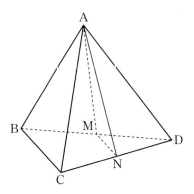

① $\dfrac{15\sqrt{11}}{11}$ ② $\dfrac{18\sqrt{11}}{11}$ ③ $\dfrac{21\sqrt{11}}{11}$ ④ $\dfrac{24\sqrt{11}}{11}$ ⑤ $\dfrac{27\sqrt{11}}{11}$

단답형 (기하)

29 그림과 같이 반지름의 길이가 5인 원 C와 원 C 위의 점 A에서의 접선 l이 있다. 원 C 위의 점 P와 $\overline{AB}=24$를 만족시키는 직선 l 위의 점 B에 대하여 $\overrightarrow{PA}\cdot\overrightarrow{PB}$의 최댓값을 구하시오. [4점]

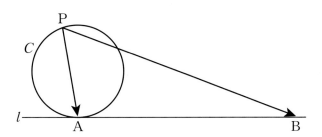

30 그림과 같이 좌표평면에서 세 점 $(4, 0)$, $(-4, 0)$, $(0, 2)$를 지나는 포물선이 있다. $-4<x<4$ 인 범위에서 포물선 위를 움직이는 점을 P라 할 때, 점 P를 중심으로 하고 x축에 접하는 원을 그린 다음, 반직선 OP와 이 원의 교점 중에서 원점 O로부터 더 멀리 있는 점을 Q라 하자. 점 Q가 그리는 도형과 x축 및 직선 $x=-4$, $x=4$로 둘러싸인 부분을 x축의 둘레로 회전시켜 생기는 회전체의 부피는 $\dfrac{q}{p}\pi$이다. $p+q$의 값을 구하여라. (단, p, q는 서로소인 자연수이다.)

[4점]

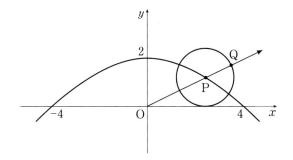

○○○○학년도 사관학교 · (경찰대) · 수능 대비 실전모의고사 문제지

수 학 영 역

4회

성명		수험번호							

○ **문제지**의 해당란에 성명과 수험번호를 기입하시오.

○ **답안지**의 해당란에 성명과 수험번호를 정확하게 표기하시오.

○ 문항에 따라 배점이 다르니, 각 물음의 끝에 표시된 배점을 참고하시오.

○ 주관식 답의 숫자는 자리에 맞추어 표기하며, '0'이 포함된 경우에는 '0'을 OMR 답안지에 반드시 표기하시오.

○ 23번부터는 선택과목이니 자신이 선택한 과목(확률과 통계, 미적분, 기하)의 문제지인지 확인하시오.

※ 시험 시작 전까지 표지를 넘기지 마시오.

공 란

5지선다형 (수학 1, 2)

01

$\sqrt[3]{36} \times \left(\sqrt[3]{\dfrac{2}{3}}\right)^2 = 2^a$일 때, a의 값은? [2점]

① $\dfrac{4}{3}$　　② $\dfrac{5}{3}$　　③ 2　　④ $\dfrac{7}{3}$　　⑤ $\dfrac{8}{3}$

02

$\displaystyle\lim_{x \to 2} \dfrac{\sqrt{6-x}-2}{\sqrt{3-x}-1}$의 값은? [2점]

① $\dfrac{1}{3}$　　② $\dfrac{1}{2}$　　③ $\dfrac{2}{3}$　　④ $\dfrac{3}{2}$　　⑤ 2

03 제3사분면의 각 θ에 대하여 $\cos\theta = -\dfrac{1}{2}$일 때, $\tan\theta$의 값은? [3점]

① $-\sqrt{3}$　　② $-\dfrac{\sqrt{3}}{3}$　　③ $\dfrac{\sqrt{3}}{3}$　　④ 1　　⑤ $\sqrt{3}$

04 다항함수 $f(x)$에 대하여 $\displaystyle\lim_{h\to 0}\dfrac{f(1+h)-3}{h}=2$일 때, 함수

$g(x)=(x+2)f(x)$에 대하여 $g'(1)$의 값은? [3점]

① 5　　② 6　　③ 7　　④ 8　　⑤ 9

05 $\log 6 = a$, $\log 15 = b$라 할 때, 다음 중 $\log 2$를 a, b로 나타낸 것은? [3점]

① $\dfrac{2a-2b+1}{3}$ ② $\dfrac{2a-b+1}{3}$ ③ $\dfrac{a+b-1}{3}$ ④ $\dfrac{a-b+1}{2}$ ⑤ $\dfrac{a+2b-1}{2}$

06 시각 $t=0$일 때, 동시에 원점을 출발하여 수직선 위를 움직이는 두 점 P, Q의 시각 $t(t \geq 0)$에서의 속도가 각각

$$v_1(t) = 2t+3, \ v_2(t) = at(6-t)$$

이다. 시각 $t=3$에서 두 점 P, Q가 만날 때, a의 값은? (단, a는 상수이다.) [3점]

① 1 ② 2 ③ 3 ④ 4 ⑤ 5

07 좌표평면에서 곡선 $y=x^2$ 위의 점 $P_n(n, n^2)$과 중심이 x축 위에 있는 원 C_n은 다음 조건을 만족시킨다. (단, $n=1, 2, 3, \cdots$이다.)

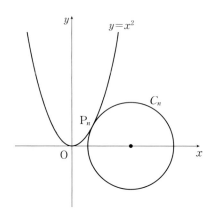

(가) 곡선 $y=x^2$과 원 C_n은 점 P_n에서 만난다.

(나) 곡선 $y=x^2$과 원 C_n은 점 P_n에서 공통인 접선을 갖는다.

원 C_1의 중심의 x좌표는? [3점]

① 2   ② $\dfrac{5}{2}$ ③ 3   ④ $\dfrac{7}{2}$ ⑤ 4

08 수열 $\{a_n\}$은 $a_1=\dfrac{3}{2}$이고 모든 자연수 n에 대하여

$$a_{2n-1}+a_{2n}=2a_n$$

을 만족시킨다. $\displaystyle\sum_{n=1}^{16}a_n$의 값은? [3점]

① 22　　　　② 24　　　　③ 26　　　　④ 28　　　　⑤ 30

09 최고차항의 계수가 1인 사차함수 $f(x)$가 다음 조건을 만족시킨다.

> (가) 모든 실수 x에 대하여 $f(-x)=f(x)$이다.
>
> (나) 함수 $f(x)$는 극댓값 7을 갖는다.

$f(1)=2$일 때, 함수 $f(x)$의 극솟값은? [4점]

① -6　　　② -5　　　③ -4　　　④ -3　　　⑤ -2

10 그림과 같이 1보다 큰 두 상수 a, b에 대하여 점 A(1, 0)을 지나고 y축에 평행한 직선이 곡선 $y=a^x$과 만나는 점을 B라 하고, 점 C(0, 1)에 대하여 점 B를 지나고 직선 AC와 평행한 직선이 곡선 $y=\log_b x$와 만나는 점을 D라 하자. $\overline{AC}\perp\overline{AD}$이고, 사각형 ADBC의 넓이가 6일 때, $a\times b$의 값은? [4점]

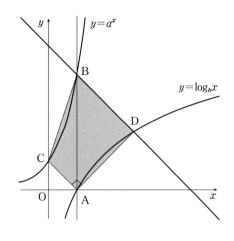

① $4\sqrt{2}$ ② $4\sqrt{3}$ ③ 8   ④ $4\sqrt{5}$ ⑤ $4\sqrt{6}$

11 다항함수 $f(x)$가 모든 실수 x에 대하여

$$f(x) = \frac{3}{4}x^2 + \left(\int_0^1 f(x)dx\right)^2$$

을 만족시킬 때, $\displaystyle\int_0^2 f(x)dx$의 값은? [4점]

① $\dfrac{9}{4}$ ② $\dfrac{5}{2}$ ③ $\dfrac{11}{4}$ ④ 3 ⑤ $\dfrac{13}{4}$

12 그림과 같이 $\overline{AB}=\overline{AC}$인 이등변삼각형 ABC에서 선분 AC를 5:3으로 내분하는 점을 D라 하자.

$$2\sin(\angle ABD)=5\sin(\angle DBC)$$

일 때, $\dfrac{\sin C}{\sin A}$의 값은? [4점]

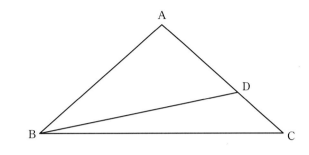

① $\dfrac{3}{5}$ ② $\dfrac{7}{11}$ ③ $\dfrac{2}{3}$ ④ $\dfrac{9}{13}$ ⑤ $\dfrac{5}{7}$

13 다음은 2 이상의 모든 자연수 n에 대하여 부등식

$$\frac{1\cdot2}{n+1}+\frac{2\cdot3}{n+2}+\frac{3\cdot4}{n+3}+\cdots+\frac{n(n+1)}{n+n}<\frac{(n+1)^2}{4}\ \cdots(*)$$

이 성립함을 수학적귀납법으로 증명한 것이다.

부등식 $(*)$의 좌변을 S_n이라 하자

(ⅰ) $n=2$일 때, (좌변) $=S_2=$ $\boxed{\text{(가)}}$, (우변) $=\dfrac{9}{4}$

이므로 $(*)$은 성립한다.

(ⅱ) $n=m\,(m=2,\ 3,\ 4,\ \cdots)$일 때 $(*)$이 성립한다고 가정하자.

$$S_m=\frac{1\cdot2}{m+1}+\frac{2\cdot3}{m+2}+\frac{3\cdot4}{m+3}+\cdots+\frac{m(m+1)}{m+m}\ \text{이고,}$$

$$S_{m+1}=\frac{1\cdot2}{(m+1)+1}+\frac{2\cdot3}{(m+1)+2}+\cdots+\frac{(m+1)(m+2)}{(m+1)+m+1}$$

이므로

$$S_{m+1}-S_m=-2\left(\frac{1}{m+1}+\frac{2}{m+2}+\frac{3}{m+3}+\cdots+\frac{m}{2m}\right)+\boxed{\text{(나)}}+\frac{m+2}{2}$$

한편, $\dfrac{1}{m+1}+\dfrac{2}{m+2}+\cdots+\dfrac{m}{2m}$

$$>\frac{1}{m+m}+\frac{2}{m+m}+\cdots+\frac{m}{2m}=\boxed{\text{(다)}}$$

이고

$\boxed{\text{(나)}}<\dfrac{2m+1}{4}$ 이므로 $S_{m+1}-S_m<\dfrac{2m+3}{4}$ 이다.

따라서 $S_{m+1}<S_m+\dfrac{2m+3}{4}<\dfrac{(m+2)^2}{4}$ 이므로

$(*)$은 $n=m+1$일 때도 성립한다.

그러므로 (ⅰ), (ⅱ)에서 2 이상의 모든 자연수 n에 대하여 $(*)$이 성립한다.

위의 증명에서 (가)에 알맞은 수를 a라 하고, (나), (다)에 알맞은 식을 각각 $f(m)$, $g(m)$이라 할 때, $a\times f(3)\times g(3)$의 값은? [4점]

① $\dfrac{13}{7}$　　② $\dfrac{20}{7}$　　③ $\dfrac{26}{7}$　　④ $\dfrac{33}{7}$　　⑤ $\dfrac{39}{7}$

14 그림과 같이 곡선 $y=x^2$ 위의 점 $P(2a, 4a^2)$에서의 접선 l이 x축과 만나는 점을 A라 하고, 점 A를 지나고 접선 l에 수직인 직선이 y축과 만나는 점을 B라 하자. 삼각형 OAB에 내접하는 원의 반지름의 길이를 $r(a)$라 할 때, $\lim_{a \to \infty} r(a)$의 값은? (단, $a>0$, O는 원점이다.) [4점]

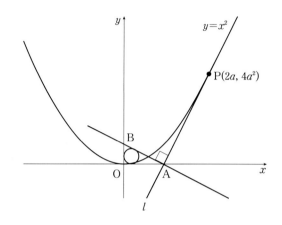

① $\dfrac{\sqrt{3}}{6}$ ② $\dfrac{\sqrt{2}}{4}$ ③ $\dfrac{1}{8}$ ④ $\dfrac{1}{6}$ ⑤ $\dfrac{3}{16}$

15 좌표평면에서 자연수 n에 대하여 다음 조건을 만족시키는 정사각형의 개수를 a_n이라 하자.

(가) 한 변의 길이가 n이고 네 꼭짓점의 x좌표와 y좌표가 모두 자연수이다.

(나) 두 곡선 $y=\log_2 x$, $y=\log_{16} x$와 각각 서로 다른 두 점에서 만난다.

$a_3 + a_4$의 값은? [4점]

① 21　　　② 23　　　③ 25　　　④ 27　　　⑤ 29

단답형 (수학 1, 2)

16 자연수 n에 대하여 좌표평면에서 직선 $x=n$이 곡선 $y=x^2$과 만나는 점을 A_n, 직선 $x=n$이 직선 $y=-2x$와 만나는 점을 B_n이라 할 때, $\displaystyle\sum_{n=1}^{9}\overline{A_nB_n}$의 값을 구하시오. [3점]

17 이차함수 $f(x)$가 다음 조건을 만족시킨다.

(가) $\lim\limits_{x \to \infty} \dfrac{f(x)}{2x^2 - x - 1} = \dfrac{1}{2}$ (나) $\lim\limits_{x \to 1} \dfrac{f(x)}{2x^2 - x - 1} = 4$

$f(2)$의 값을 구하시오. [3점]

18 자연수 n에 대하여 두 함수 $f(x)$, $g(x)$를

$$f(x)=x^2-6x+7, \ \ g(x)=x+n$$

이라 하자. $n=1$일 때, 곡선 $y=f(x)$와 y축 및 직선 $y=g(x)$로 둘러싸인 어두운 부분의 넓이를 $\dfrac{p}{q}$라 할 때, $p+q$의 값을 구하시오. [3점]

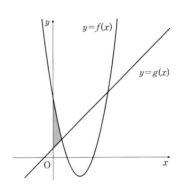

19 자연수 n에 대하여 $0 \leq x \leq 2\pi$에서 방정식 $|\sin nx| = \dfrac{2}{3}$의 서로 다른 실근의 개수를 a_n, 서로 다른 모든 실근의 합을 b_n이라 할 때, $a_5 b_6 = k\pi$이다. 자연수 k의 값을 구하시오. [3점]

20 삼차함수 $f(x)$가 다음 조건을 만족시킬 때, $f(3)$의 값을 구하시오. [4점]

(가) $\displaystyle\lim_{x \to -2} \frac{1}{x+2} \int_{-2}^{x} f(t)\,dt = 12$

(나) $\displaystyle\lim_{x \to \infty} x f\left(\frac{1}{x}\right) + \lim_{x \to 0} \frac{f(x+1)}{x} = 1$

21 2 이상의 자연수 n에 대하여 $n^{\frac{4}{k}}$의 값이 자연수가 되도록 하는 자연수 k의 개수를 $f(n)$이라 하자. 예를 들어 $f(6)=3$이다. $f(n)=8$을 만족시키는 n의 최솟값을 구하시오. [4점]

22

$a \leq 35$인 자연수 a와 함수 $f(x) = -3x^4 + 4x^3 + 12x^2 + 4$에 대하여 함수 $g(x)$를

$$g(x) = |f(x) - a|$$

라 할 때, $g(x)$가 다음 조건을 만족시킨다.

> (가) 함수 $y = g(x)$의 그래프와 직선 $y = b\,(b > 0)$이 서로 다른 4개의 점에서 만난다.
>
> (나) 함수 $|g(x) - b|$가 미분가능하지 않은 실수 x의 개수는 4이다.

두 상수 a, b에 대하여 $a + b$의 값을 구하시오. [4점]

※ 확인 사항

○ 답안지의 해당란에 필요한 내용을 정확히 기입(표기)했는지 확인하시오.

○ 이어서, 「선택과목(확률과 통계)」 문제가 제시되오니, 자신이 선택한 과목인지 확인하시오.

○○○○학년도 사관학교 · (경찰대) · 수능 대비 실전모의고사 문제지

수 학 영 역

확률과 통계

5지선다형 (확률과 통계)

23 서로 독립인 두 사건 A, B에 대하여

$$P(A) = \frac{1}{3}, \ P(A \cap B^c) = \frac{1}{5}$$

일 때, $P(B)$의 값은? (단, B^c은 B의 여사건이다.) [2점]

① $\frac{4}{15}$　　② $\frac{1}{3}$　　③ $\frac{2}{5}$　　④ $\frac{7}{15}$　　⑤ $\frac{8}{15}$

24 세 정수 a, b, c에 대하여

$$1 \leq a \leq |b| \leq |c| \leq 7$$

을 만족시키는 모든 순서쌍 (a, b, c) 개수는? [3점]

① 300   ② 312   ③ 324   ④ 336   ⑤ 348

25 연속확률변수 X가 가지는 값의 범위는 $0 \leq X \leq 2$이고 X의 확률밀도함수의 그래프는 그림과 같이 두 점 $\left(0, \dfrac{3}{4a}\right)$, $\left(a, \dfrac{3}{4a}\right)$을 이은 선분과 두 점 $\left(a, \dfrac{3}{4a}\right)$, $(2, 0)$을 이은 선분으로 이루어져 있다. $\mathrm{P}\left(\dfrac{1}{2} \leq X \leq 2\right)$의 값은? (단, a는 양수이다.) [3점]

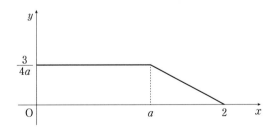

① $\dfrac{2}{3}$ ② $\dfrac{11}{16}$ ③ $\dfrac{17}{24}$ ④ $\dfrac{35}{48}$ ⑤ $\dfrac{3}{4}$

26 $\displaystyle\sum_{k=308}^{400} {}_{400}C_k \left(\frac{4}{5}\right)^k \left(\frac{1}{5}\right)^{400-k}$ 의 값을 아래 표준정규분포표를 이용하여 구한 것은? [3점]

z	$P(0 \leq Z \leq z)$
0.5	0.1915
1.0	0.3413
1.5	0.4332
2.0	0.4772

① 0.6826 ② 0.7745 ③ 0.8664 ④ 0.9332 ⑤ 0.9772

27 주머니 A에는 1부터 5까지의 자연수가 각각 하나씩 적힌 5장의 카드가 들어 있고, 주머니 B에는 6부터 8까지의 자연수가 각각 하나씩 적힌 3장의 카드가 들어 있다. 주머니 A에서 임의로 한 장의 카드를 꺼내고, 주머니 B에서 임의로 한 장의 카드를 꺼낸다. 꺼낸 2장의 카드에 적힌 두 수의 합이 홀수일 때, 주머니 A에서 꺼낸 카드에 적힌 수가 홀수일 확률은? [3점]

① $\dfrac{1}{4}$ ② $\dfrac{3}{8}$ ③ $\dfrac{1}{2}$ ④ $\dfrac{5}{8}$ ⑤ $\dfrac{3}{4}$

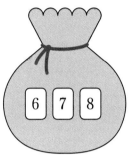

주머니 A   주머니 B

28 흰색 탁구공 3개와 주황색 탁구공 4개를 서로 다른 3개의 비어 있는 상자 A, B, C에 남김없이 넣으려고 할 때, 다음 조건을 만족시키도록 넣는 경우의 수는? (단, 탁구공을 하나도 넣지 않은 상자가 있을 수 있다.) [4점]

> (가) 상자 A에는 흰색 탁구공을 1개 이상 넣는다.
>
> (나) 흰색 탁구공만 들어 있는 상자는 없도록 넣는다.

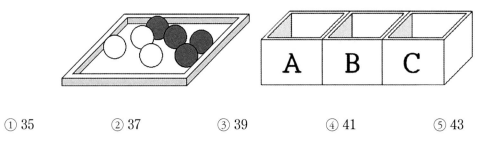

① 35 　　　 ② 37 　　　 ③ 39 　　　 ④ 41 　　　 ⑤ 43

단답형 (확률과 통계)

29 다음 조건을 만족시키는 자연수 a, b, c, d, e의 모든 순서쌍 (a, b, c, d, e)의 개수를 구하시오. [4점]

> (가) $a+b+c+d+e=10$
>
> (나) ab는 홀수이다.

30 프로야구 한국시리즈는 두 팀이 출전하여 7번의 경기 중 4번을 먼저 이기는 팀이 우승팀이 된다. A, B 두 팀이 한국시리즈에 출전하여 우승팀이 정해지기까지 치른 경기의 수를 확률변수 X라 하자. 매 경기마다 각 팀이 이길 확률은 모두 $\frac{1}{2}$로 같다고 할 때, $E(16X)$의 값을 구하시오. (단, 두 팀이 경기를 할 때 무승부는 없다고 가정한다.) [4점]

※ **확인 사항**

○ 답안지의 해당란에 필요한 내용을 정확히 기입(표기)했는지 확인하시오.

○ 이어서, 「선택과목(미적분)」 문제가 제시되오니, 자신이 선택한 과목인지 확인하시오.

1

수 학 영 역

미적분

5지선다형 (미적분)

23 $\lim\limits_{x \to 0} \dfrac{2x \sin x}{1 - \cos x}$ 의 값은? [2점]

① 1   ② 2   ③ 3   ④ 4   ⑤ 5

24 곡선 $x^2 - 2xy + 3y^3 = 5$ 위의 점 $(2, -1)$에서의 접선의 기울기는? [3점]

① $-\dfrac{6}{5}$　　② $-\dfrac{5}{4}$　　③ $-\dfrac{4}{3}$　　④ $-\dfrac{3}{2}$　　⑤ -2

25 그림과 같이 직선 $3x + 4y - 2 = 0$이 x축의 양의 방향과 이루는 각의 크기를 θ라 할 때, $\tan\left(\dfrac{\pi}{4} + \theta\right)$의 값은? [3점]

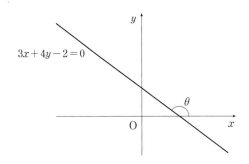

① $\dfrac{1}{14}$　　② $\dfrac{1}{7}$　　③ $\dfrac{3}{14}$　　④ $\dfrac{2}{7}$　　⑤ $\dfrac{5}{14}$

26 그림과 같이 곡선 $y=\sqrt{x}e^x$ $(1\leq x\leq 2)$와 x축 및 두 직선 $x=1$, $x=2$로 둘러싸인 도형을 밑면으로 하는 입체도형이 있다. 이 입체도형을 x축에 수직인 평면으로 자른 단면이 모두 정사각형일 때, 이 입체도형의 부피는? [3점]

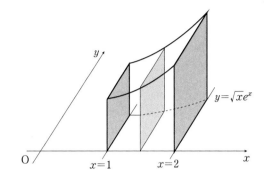

① $\dfrac{e^4+e^2}{4}$ ② $\dfrac{2e^4-e^2}{4}$ ③ $\dfrac{2e^4+e^2}{4}$ ④ $\dfrac{3e^4-e^2}{4}$ ⑤ $\dfrac{3e^4+e^2}{4}$

27　함수 $f(x)=\ln x$에 대하여 $\displaystyle\lim_{n\to\infty}\sum_{k=1}^{n}\frac{1}{n+k}f\left(1+\frac{k}{n}\right)$의 값은? [3점]

① $\ln 2$　　② $(\ln 2)^2$　　③ $\dfrac{\ln 2}{2}$　　④ $\dfrac{(\ln 2)^2}{2}$　　⑤ $\dfrac{(\ln 2)^2}{4}$

28

한 변의 길이가 2인 정사각형 $A_1B_1C_1D_1$이 있다. 그림과 같이 변 A_1D_1의 중점을 M_1이라 할 때, 두 삼각형 $A_1B_1M_1$과 $M_1C_1D_1$에 각각 내접하는 두 원을 그리고, 두 원에 색칠하여 얻은 그림을 R_1이라 하자.

그림 R_1에서 두 꼭짓점이 변 B_1C_1 위에 있고 삼각형 $M_1B_1C_1$에 내접하는 정사각형 $A_2B_2C_2D_2$를 그린 후 변 A_2D_2의 중점을 M_2라 할 때, 두 삼각형 $A_2B_2M_2$와 $M_2C_2D_2$에 각각 내접하는 두 원을 그리고, 두 원에 색칠하여 얻은 그림을 R_2라 하자.

그림 R_2에서 두 꼭짓점이 변 B_2C_2 위에 있고 삼각형 $M_2B_2C_2$에 내접하는 정사각형 $A_3B_3C_3D_3$을 그린 후 변 A_3D_3의 중점을 M_3이라 할 때, 두 삼각형 $A_3B_3M_3$과 $M_3C_3D_3$에 각각 내접하는 두 원을 그리고, 두 원에 색칠하여 얻은 그림을 R_3이라 하자.

이와 같은 과정을 계속하여 n번째 얻은 그림 R_n에 색칠되어 있는 부분의 넓이를 S_n이라 할 때, $\lim\limits_{n \to \infty} S_n$의 값은? [4점]

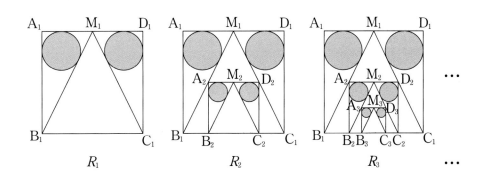

R_1 R_2 R_3 $\cdots$

① $\dfrac{4(7-3\sqrt{5})}{3}\pi$

② $\dfrac{4(8-3\sqrt{5})}{3}\pi$

③ $\dfrac{5(7-3\sqrt{5})}{3}\pi$

④ $\dfrac{5(8-3\sqrt{5})}{3}\pi$

⑤ $\dfrac{5(9-4\sqrt{5})}{3}\pi$

단답형 (미적분)

29 그림과 같이 $\overline{AB}=\overline{AC}=4$인 이등변삼각형 ABC에 외접하는 원 O가 있다. 점 C를 지나고 원 O에 접하는 직선과 직선 AB의 교점을 D라 하자. $\angle CAB=\theta$라 할 때, 삼각형 BDC의 넓이를 $S(\theta)$라 하자. $\displaystyle\lim_{\theta \to 0+}\frac{S(\theta)}{\theta^3}$의 값을 구하시오. $\left(\text{단, } 0<\theta<\dfrac{\pi}{3}\right)$ [4점]

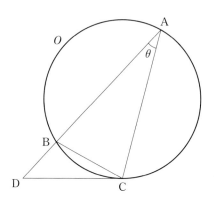

30   함수 $f(x) = -xe^{2-x}$과 상수 a가 다음 조건을 만족시킨다.

> 곡선 $y = f(x)$ 위의 점 $(a, f(a))$에서의 접선의 방정식을 $y = g(x)$라 할 때, $x < a$이면 $f(x) > g(x)$이고, $x > a$이면 $f(x) < g(x)$이다.

곡선 $y = f(x)$와 접선 $y = g(x)$ 및 y축으로 둘러싸인 부분의 넓이는 $k - e^2$이다. k의 값을 구하시오. [4점]

※확인 사항

○ 답안지의 해당란에 필요한 내용을 정확히 기입(표기)했는지 확인하시오.

○ 이어서, 「선택과목(기하)」 문제가 제시되오니, 자신이 선택한 과목인지 확인하시오.

수 학 영 역 　기하

23 두 벡터 $\vec{a}, \vec{b}$에 대하여 $|\vec{a}|=2$, $|\vec{b}|=3$, $|3\vec{a}-2\vec{b}|=6$일 때, 내적 $\vec{a}\cdot\vec{b}$의 값은? [2점]

① 1　　　② 2　　　③ 3　　　④ 4　　　⑤ 5

24 쌍곡선 $7x^2 - ay^2 = 20$ 위의 점 $(2, b)$에서의 접선이 점 $(0, -5)$를 지날 때, $a+b$의 값은? (단, a, b는 상수이다.) [3점]

① 4   ② 5   ③ 6   ④ 7   ⑤ 8

25 포물선 $y^2 = 8x$의 초점 F를 지나는 직선 l이 포물선과 만나는 두 점을 각각 A, B라 하자. $\overline{AB} = 14$를 만족시키는 직선 l의 기울기를 m이라 할 때, 양수 m의 값은? [3점]

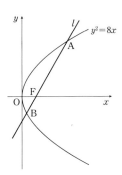

① $\dfrac{\sqrt{6}}{3}$ ② $\dfrac{2\sqrt{2}}{3}$ ③ 1   ④ $\dfrac{2\sqrt{3}}{3}$ ⑤ $\sqrt{2}$

26 좌표공간 위의 네 점 A(2, 0, 0), B(0, 2, 0), C(0, 0, 4), D(2, 2, 4)에 대하여 그림과 같이 사면체 DABC의 꼭짓점 D에서 삼각형 ABC에 내린 수선의 발을 H라 할 때, 선분 DH의 길이는? [3점]

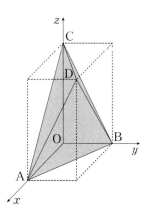

① $\dfrac{5}{3}$　　② 2　　③ $\dfrac{7}{3}$　　④ $\dfrac{8}{3}$　　⑤ 3

27 그림과 같이 지면과 이루는 각의 크기가 θ인 평평한 유리판 위에 반구가 엎어져있다. 햇빛이 유리판에 수직인 방향으로 비출 때 지면 위에 생기는 반구의 그림자의 넓이를 S_1, 햇빛이 유리판과 평행한 방향으로 비출 때 지면 위에 생기는 반구의 그림자의 넓이를 S_2라 하자. $S_1 : S_2 = 3 : 2$일 때, $\tan\theta$의 값은? (단, θ는 예각이다.) [3점]

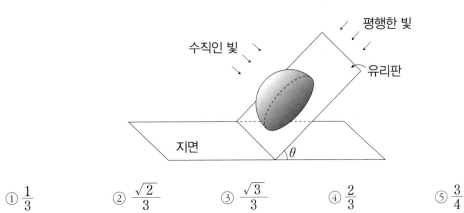

① $\dfrac{1}{3}$ ② $\dfrac{\sqrt{2}}{3}$ ③ $\dfrac{\sqrt{3}}{3}$ ④ $\dfrac{2}{3}$ ⑤ $\dfrac{3}{4}$

28

좌표평면에서 점 A(0, 12)와 양수 t에 대하여 점 P(0, t)와 점 Q가 다음 조건을 만족시킨다.

(가) $\overrightarrow{OA} \cdot \overrightarrow{PQ} = 0$

(나) $\dfrac{t}{3} \leq |\overrightarrow{PQ}| \leq \dfrac{t}{2}$

$6 \leq t \leq 12$에서 $|\overrightarrow{AQ}|$의 최댓값을 M, 최솟값을 m이라 할 때, Mm의 값은? [4점]

① $12\sqrt{2}$　　　② $14\sqrt{2}$　　　③ $16\sqrt{2}$　　　④ $18\sqrt{2}$　　　⑤ $20\sqrt{2}$

단답형 (기하)

29 y축을 준선으로 하고 초점이 x축 위에 있는 두 포물선이 있다. 두 포물선이 y축에 대하여 서로 대칭이고, 두 포물선의 꼭짓점 사이의 거리는 4이다. 두 포물선에 동시에 접하고 기울기가 양수인 직선을 그을 때, 두 접점 사이의 거리를 d라 하자. d^2의 값을 구하시오. [4점]

30 한 변의 길이가 4인 정사각형 ABCD에서 변 AB와 변 AD에 모두 접하고 점 C를 지나는 원을 O라 하자. 원 O 위를 움직이는 점 X에 대하여 두 벡터 $\overrightarrow{AB}$, $\overrightarrow{CX}$의 내적 $\overrightarrow{AB} \cdot \overrightarrow{CX}$의 최댓값은 $a - b\sqrt{2}$ 이다. $a + b$의 값을 구하시오. (단, a와 b는 자연수이다.) [4점]

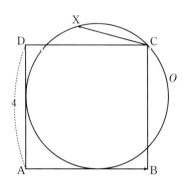

※ 확인 사항

○ 답안지의 해당란에 필요한 내용을 정확히 기입(표기)했는지 확인하시오.

○○○○학년도 사관학교 · (경찰대) · 수능 대비 실전모의고사 문제지

수 학 영 역

5 회

성명		수험번호							

○ **문제지**의 해당란에 성명과 수험번호를 기입하시오.

○ **답안지**의 해당란에 성명과 수험번호를 정확하게 표기하시오.

○ 문항에 따라 배점이 다르니, 각 물음의 끝에 표시된 배점을 참고하시오.

○ 주관식 답의 숫자는 자리에 맞추어 표기하며, '0'이 포함된 경우에는 '0'을 OMR 답안지에 반드시 표기하시오.

○ 23번부터는 선택과목이니 자신이 선택한 과목(확률과 통계, 미적분, 기하)의 문제지인지 확인하시오.

※ 시험 시작 전까지 표지를 넘기지 마시오.

공 란

01

5개의 실수 $1, p, q, r, s$가 이 순서대로 등차수열을 이루고 $s-p=9$일 때, r의 값은? [2점]

① 4   ② 6   ③ 8   ④ 10   ⑤ 12

02

$\log_3(\log_{27}x)=\log_{27}(\log_3x)$가 성립할 때, $(\log_3x)^2$의 값은? [2점]

① $\dfrac{1}{9}$ ② $\dfrac{1}{27}$ ③ 3   ④ 9   ⑤ 27

03 두 함수 $y=-x^2+4$, $y=2x^2+ax+b$의 그래프가 점 A(2, 0)에서 만나고, 점 A에서 공통인 접선을 가질 때, 상수 a, b의 합 $a+b$의 값은? [3점]

① 4　　　　② 5　　　　③ 6　　　　④ 7　　　　⑤ 8

04 $0 \le x < 2\pi$일 때, 방정식 $\left|\sin 2x\right| = \dfrac{1}{2}$의 모든 실근의 합은? [3점]

① 4π　　　　② 6π　　　　③ 8π　　　　④ 10π　　　　⑤ 12π

05 두 다항함수 $f(x)$, $g(x)$에 대하여

$$\lim_{x \to 2} \frac{f(x)+1}{x-2} = 3, \ \lim_{x \to 2} \frac{g(x)-3}{x-2} = 1$$

이 성립할 때, $\lim_{x \to 2} \dfrac{f(x)g(x) - f(2)g(2)}{x-2}$ 의 값은? [3점]

① 6   ② 7   ③ 8   ④ 9   ⑤ 10

06 $\lim_{x \to 2} \dfrac{f(x)}{x-2} = 4$, $\lim_{x \to 4} \dfrac{f(x)}{x-4} = 2$를 만족시키는 다항함수 $f(x)$에 대하여 방정식 $f(x)=0$이 구간 $[2, 4]$에서 적어도 m개의 서로 다른 실근을 갖는다. m의 값은? [3점]

① 1   ② 2   ③ 3   ④ 4   ⑤ 5

07 $a>1$인 실수 a에 대하여 함수 $f(x)=a^{2x}+4a^x-2$가 구간 $[-1,\,1]$에서 최댓값 10을 갖는다. 구간 $[-1,\,1]$에서 함수 $f(x)$의 최솟값은? [3점]

① $\dfrac{1}{4}$ ② $-\dfrac{1}{4}$ ③ $\dfrac{1}{2}$ ④ $-\dfrac{1}{2}$ ⑤ 1

08

실수 전체의 집합에서 미분가능한 함수 $f(x)$가 다음 조건을 만족한다.

(가) $f'(1)=2$

(나) 모든 실수 x, y에 대하여
$$f(x+y)=f(x)+f(y)+xy(x+y)-3$$

이 때, $f(3)$의 값은? [3점]

① 9   ② 12   ③ 15   ④ 18   ⑤ 21

09 다항함수 $f(x)$가 모든 실수 x에 대하여

$$\int_0^x (x-t)^2 f'(t)\,dt = \frac{3}{4}x^4 - 2x^3$$

을 만족한다. $f(0)=1$일 때, $\int_0^1 f(x)\,dx$의 값은? [4점]

① 1　　　　② 2　　　　③ 3　　　　④ $-\dfrac{1}{2}$　　　　⑤ $-\dfrac{1}{3}$

10 그림과 같이 곡선 $y=|\log_a x|$가 직선 $y=1$과 만나는 점을 각각 A, B라 하고 x축과 만나는 점을 C라 하자. 두 직선 AC, BC가 서로 수직이 되도록 하는 모든 양수 a의 값의 합은?
(단, $a\neq 1$) [4점]

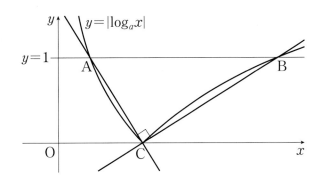

① 2   ② $\dfrac{5}{2}$ ③ 3   ④ $\dfrac{7}{2}$ ⑤ 4

11 자연수 n에 대하여 두 함수 $f(x)$, $g(x)$를

$$f(x) = x^2 - 6x + 7, \quad g(x) = x + n$$

이라 하자. 곡선 $y = f(x)$와 직선 $y = g(x)$가 만나는 두 점 사이의 거리를 a_n이라 할 때, $\displaystyle\sum_{n=1}^{10} a_n^2$의 값은? [4점]

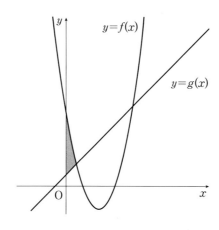

① 780　　　　② 800　　　　③ 820　　　　④ 840　　　　⑤ 860

12　수열 $\{a_n\}$이 다음 조건을 만족시킨다.

(I)　$a_1=2$이고 $a_n<a_{n+1}$

(II)　$b_n=\dfrac{1}{2}\Big(n+1-\dfrac{1}{n+1}\Big)$ $(n\ge 1)$이라 할 때, 좌표평면에서 네 직선 $x=a_n$, $x=a_{n+1}$, $y=0$, $y=b_n x$에 동시에 접하는 원 T_n이 존재한다.

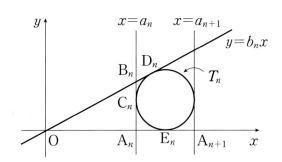

원점을 O라 하고, 원 T_n의 반지름의 길이를 r_n이라 하자.

직선 $x=a_n$과 두 직선 $y=0$, $y=b_n x$의 교점을 각각 A_n, B_n이라 하고, 원 T_n과 세 직선 $x=a_n$, $y=b_n x$, $y=0$의 접점을 각각 C_n, D_n, E_n이라 하면

$\overline{A_nB_n}=a_nb_n$이고 $\overline{OB_n}=a_n\sqrt{\boxed{(가)}+b_n^2}$ 이다.

$\overline{OD_n}=\overline{OB_n}+\overline{B_nD_n}=\overline{OB_n}+\overline{B_nC_n}=a_n\sqrt{\boxed{(가)}+b_n^2}+a_nb_n-r_n$

$\overline{OE_n}=a_n+r_n$

$\overline{OD_n}=\overline{OE_n}$이므로

$r_n=\dfrac{a_n\Big(b_n-1+\sqrt{\boxed{(가)}+b_n^2}\,\Big)}{2}$

$\therefore a_{n+1}=a_n+2r_n=\Big(\boxed{(나)}\Big)\times a_n\ (n\ge 1)$

이때 $a_1=2$이고

$a_n=\boxed{}\times a_{n-1}=\boxed{}\times a_{n-2}=\cdots=\boxed{}\times a_1$이므로

$a_n=\boxed{(다)}$

위의 과정에서 (가)에 알맞은 수를 p라 하고, (나), (다)에 알맞은 식을 각각 $f(n)$, $g(n)$이라 할 때, $p+f(4)+g(4)$의 값은? [4점]

① 54　　　② 55　　　③ 56　　　④ 57　　　⑤ 58

13 두 함수 $f(x)$, $g(x)$의 그래프는 그림과 같다.

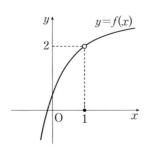
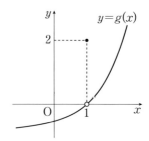

옳은 것만을 [보기]에서 있는 대로 고른 것은? [4점]

┌─ 보 기 ┐

ㄱ. 함수 $f(x)+g(x)$는 $x=1$에서 연속이다.

ㄴ. 함수 $f(x)g(x)$는 $x=1$에서 연속이다.

ㄷ. 함수 $\dfrac{f(x)+ax}{g(x)+bx}$가 $x=1$에서 연속이면 $a+b=-4$이다.

① ㄱ   ② ㄱ, ㄴ   ③ ㄱ, ㄷ   ④ ㄴ, ㄷ   ⑤ ㄱ, ㄴ, ㄷ

14

두 원 $C_1 : x^2 + y^2 = 1$과 $C_r : x^2 + y^2 = r^2$이 있다. (단, $r > 1$)

다음 조건에 따라 C_r 위의 점 P_k를 차례로 잡자. ($k = 1, 2, 3 \cdots$)

> (i) $P_1 = P_1(r, 0)$
>
> (ii) 점 P_{k+1}은 점 P_k에서 C_1에 그은 접선이 C_r와 만나는 점이다.
>
> (iii) 선분 $P_1 P_2$는 제1사분면을 지난다.
>
> (iv) 선분 $P_{k+1} P_{k+2}$와 선분 $P_k P_{k+1}$은 다른 선분이다.

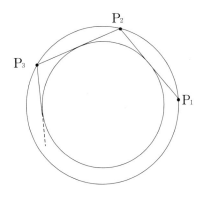

이때, [보기]에서 참인 명제를 모두 고른 것은? [4점]

> ┌─ **보 기** ─┐
>
> ㄱ. $r > \sqrt{2}$이면 $\angle P_1 P_2 P_3 < 90°$이다.
>
> ㄴ. $r = \dfrac{2\sqrt{3}}{3}$이면 P_5의 좌표는 $P_5\left(-1, \ -\dfrac{\sqrt{3}}{3}\right)$이다.
>
> ㄷ. $\angle P_1 P_2 P_3 = 100°$이면 $P_1 = P_{10}$이다.

① ㄱ   ② ㄴ   ③ ㄴ, ㄷ   ④ ㄱ, ㄷ   ⑤ ㄱ, ㄴ, ㄷ

15 함수 $f(x)=(x-2)^3$과 두 실수 m, n에 대하여 함수 $g(x)$를

$$g(x)=\begin{cases} f(x) & (|x|<a) \\ mx+n & (|x|\geq a) \end{cases} \quad (a>0)$$

이라 하자. 함수 $g(x)$가 실수 전체의 집합에서 연속일 때, [보기]에서 옳은 것만을 있는 대로 고른 것은? [4점]

─── 보 기 ───

ㄱ. $a=1$일 때, $m=13$이다.

ㄴ. 함수 $g(x)$가 $x=a$에서 미분가능할 때, $m=48$이다.

ㄷ. $f(a)-2af'(a)>n-ma$를 만족시키는 자연수 a의 개수는 5이다.

① ㄱ　　　② ㄱ, ㄴ　　　③ ㄱ, ㄷ　　　④ ㄴ, ㄷ　　　⑤ ㄱ, ㄴ, ㄷ

단답형 (수학 1, 2)

16 등차수열 $\{a_n\}$에 대하여 $a_2=14$, $a_4+a_5=23$일 때, $a_7+a_8+a_9$의 값을 구하시오. [3점]

17 $60^a = 5$, $60^b = 6$일 때, $12^{\frac{2a+b}{1-a}}$의 값을 구하시오. [3점]

18 $\displaystyle\lim_{x \to \infty}\left\{\left(\sqrt{x^4+2x^3+1}-x^2\right)\left(\sqrt{x^2+6}-x\right)\right\}$의 값을 구하시오. [3점]

19 수직선 위를 움직이는 점 P의 시각 $t(t \geq 0)$에서의 위치 함수 $f(t)$가 $f(t) = t^3 + 3t^2 - 2t$이다. 점 P의 $0 \leq t \leq 10$에서의 평균속도와 $t = c$에서의 순간속도가 서로 같을 때, $3c^2 + 6c$의 값을 구하시오. [3점]

20 최고차항의 계수가 1이고 다음 조건을 만족시키는 모든 삼차함수 $f(x)$에 대하여 $f(6)$의 최댓값과 최솟값의 합을 구하시오. [4점]

> (가) $f(2)=f'(2)=0$
>
> (나) 모든 실수 x에 대하여 $f'(x) \geq -3$이다.

21 사각형 ABCD에서 $\overline{AC}$, $\overline{BD}$의 교점을 O라 할 때, △ABO의 넓이가 10, △CDO의 넓이가 90일 때, □ABCD 넓이의 최솟값을 구하시오. [4점]

22 직선 l이 함수 $f(x)=x^4-2x^2-2x+3$의 그래프와 서로 다른 두 점에서 접할 때, 직선 l과 곡선 $y=f(x)$로 둘러싸인 영역의 넓이가 A이다. $30A$의 값을 구하시오. [4점]

※ 확인 사항

○ 답안지의 해당란에 필요한 내용을 정확히 기입(표기)했는지 확인하시오.

○ 이어서, 「선택과목(확률과 통계)」 문제가 제시되오니, 자신이 선택한 과목인지 확인하시오.

○○○○학년도 사관학교 · (경찰대) · 수능 대비 실전모의고사 문제지

수 학 영 역

확률과 통계

5지선다형 (확률과 통계)

23 두 사건 A, B가 서로 독립이고

$$\mathrm{P}(A \cup B) = \frac{5}{6}, \ \mathrm{P}(A^c \cap B) = \frac{1}{3}$$

일 때, $\mathrm{P}(B)$의 값은? [2점]

① $\dfrac{5}{12}$　　　② $\dfrac{7}{12}$　　　③ $\dfrac{3}{5}$　　　④ $\dfrac{2}{3}$　　　⑤ $\dfrac{3}{4}$

24 빨간 공 3개, 파란 공 2개, 노란 공 2개가 있다. 이 7개의 공을 모두 일렬로 나열할 때, 빨간 공 끼리는 어느 것도 서로 이웃하지 않도록 나열하는 경우의 수는?

(단, 같은 색의 공은 서로 구별하지 않는다.) [3점]

① 45　　　　② 50　　　　③ 55　　　　④ 60　　　　⑤ 65

25 연속확률변수 X가 갖는 값의 범위가 $0 \le X \le 4$이고, X의 확률밀도함수의 그래프가 그림과 같을 때, $\mathrm{P}\left(\dfrac{1}{2} \le X \le 3\right)$의 값은? [3점]

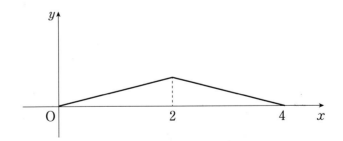

① $\dfrac{25}{32}$　　　② $\dfrac{13}{16}$　　　③ $\dfrac{27}{32}$　　　④ $\dfrac{7}{8}$　　　⑤ $\dfrac{29}{32}$

26 흰 공 4개와 검은 공 2개가 들어 있는 주머니에서 임의로 한 개의 공을 꺼내어 공의 색을 확인한 후 다시 넣는 시행을 5회 반복한다. 각 시행에서 꺼낸 공이 흰 공이면 1점을 얻고, 검은 공이면 2점을 얻을 때, 얻은 점수의 합이 7일 확률은? [3점]

① $\dfrac{80}{243}$ ② $\dfrac{1}{3}$ ③ $\dfrac{82}{243}$ ④ $\dfrac{83}{243}$ ⑤ $\dfrac{28}{81}$

27 어느 도시의 직장인들이 하루 동안 도보로 이동한 거리는 평균이 $m$km, 표준편차가 σkm인 정규분포를 따른다고 한다. 이 도시의 직장인들 중에서 36명을 임의추출하여 조사한 결과 36명이 하루 동안 도보로 이동한 거리의 총합은 216km이었다. 이 결과를 이용하여, 이 도시의 직장인들이 하루 동안 도보로 이동한 거리의 평균 m에 대한 신뢰도 95%의 신뢰구간을 구하면 $a \leq m \leq a+0.98$이다. $a+\sigma$의 값은?

(단, Z가 표준정규분포를 따르는 확률변수일 때, $\mathrm{P}(|Z| \leq 1.96) = 0.95$로 계산한다.) [3점]

① 6.96   ② 7.01   ③ 7.06   ④ 7.11   ⑤ 7.16

28

확률변수 X는 정규분포 $N(10, 5^2)$을 따르고. 확률변수 Y는 정규분포 $N(m, 5^2)$을 따른다. 두 확률변수 X, Y의 확률밀도함수를 각각 $f(x)$, $g(x)$라 할 때, 두 곡선 $y=f(x)$와 $y=g(x)$가 만나는 점의 x좌표를 k라 하자. $P(Y \leq 2k)$의 값을 다음 표준정규분포표를 이용하여 구하면? (단, $m \neq 10$) [4점]

z	$P(0 \leq Z \leq z)$
0.5	0.1915
1.0	0.3413
1.5	0.4332
2.0	0.4772

① 0.6915   ② 0.8413   ③ 0.9104

④ 0.9332   ⑤ 0.9772

단답형 (확률과 통계)

29

한 번 누를 때마다 좌표평면 위의 점 P를 다음과 같이 이동시키는 두 버튼 ㉠, ㉡이 있다.

[버튼 ㉠] 그림과 같이 길이가 $\sqrt{2}$ 인 선분을 따라 점 (x, y)에 있는 점 P를
점 $(x+1, y+1)$로 이동시킨다.

(x, y) ～ ／ ～ $(x+1, y+1)$

[버튼 ㉡] 그림과 같이 길이가 $\sqrt{5}$ 인 선분을 따라 점 (x, y)에 있는 점 P를
점 $(x+2, y+1)$로 이동시킨다.

(x, y) ～ ／ $(x+2, y+1)$

예를 들어, 버튼을 ㉠, ㉠, ㉡ 순으로 누르면 원점 $(0, 0)$에 있는 점 P는 아래 그림과 같이 세 선분을 따라 점 $(4, 3)$으로 이동한다. 또한 원점 $(0, 0)$에 있는 점 P를 점 $(4, 3)$으로 이동시키도록 버튼을 누르는 경우는 ㉠㉠㉡, ㉠㉡㉠, ㉡㉠㉠으로 3가지이다.

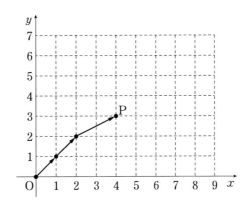

원점 $(0, 0)$에 있는 점 P를 두 점 A$(5, 5)$, B$(6, 4)$중 어느 점도 지나지 않고 점 C$(9, 7)$로 이동시키도록 두 버튼 ㉠, ㉡을 누르는 경우의 수를 구하시오. [4점]

30 바닥에 놓여 있는 5개의 동전 중 임의로 2개의 동전을 선택하여 뒤집는 시행을 하기로 한다. 2개의 동전은 앞면이, 3개의 동전은 뒷면이 보이도록 바닥에 놓여있는 상태에서 이 시행을 3번 반복한 결과 2개의 동전은 앞면이, 3개의 동전은 뒷면이 보이도록 바닥에 놓여 있을 확률을 p라 할 때, $125p$의 값을 구하시오. (단, 동전의 크기와 모양은 모두 같다.) [4점]

※ 확인 사항

○ 답안지의 해당란에 필요한 내용을 정확히 기입(표기)했는지 확인하시오.

○ 이어서, 「선택과목(미적분)」 문제가 제시되오니, 자신이 선택한 과목인지 확인하시오.

○○○○학년도 사관학교 · (경찰대) · 수능 대비 실전모의고사 문제지

수 학 영 역   미적분

5지선다형 (미적분)

23 함수 $f(x)=x^2 e^{x-1}$에 대하여 $f'(1)$의 값은? [2점]

① 1   ② 2   ③ 3   ④ 4   ⑤ 5

24 실수 전체의 집합에서 연속인 함수 $f(x)$에 대하여

$$\int_1^{e^2} \frac{f(1+2\ln x)}{x}dx = 5$$

일 때, $\int_1^5 f(x)dx$의 값은? [3점]

① 6   ② 7   ③ 8   ④ 9   ⑤ 10

25 함수 $f(x)$가 $\lim_{x \to \infty}\left\{f(x)\ln\left(1+\frac{1}{2x}\right)\right\}=4$를 만족시킬 때, $\lim_{x \to \infty}\frac{f(x)}{x-3}$의 값은? [3점]

① 6   ② 8   ③ 10   ④ 12   ⑤ 14

26 수열 $\{a_n\}$의 첫째항부터 제 n항까지의 합을 S_n이라 하면

$$S_{2n-1} = \frac{2}{n+2}, \; S_{2n} = \frac{2}{n+1} \; (n \geq 1)$$

이 성립한다. $\displaystyle\sum_{n=1}^{\infty} a_{2n-1}$의 값은? [3점]

① -2 ② -1 ③ 0 ④ 1 ⑤ 2

27 그림과 같이 한 변의 길이가 4인 정사각형 $A_1B_1C_1D_1$이 있다. 4개의 선분 A_1B_1, B_1C_1, C_1D_1, D_1A_1을 1:3로 내분하는 점을 각각 E_1, F_1, G_1, H_1이라 하고, 정사각형 $A_1B_1C_1D_1$의 내부에 점 E_1, F_1, G_1, H_1 각각을 중심으로 하고 반지름의 길이가 $\frac{1}{4}\overline{A_1B_1}$인 4개의 반원을 그린 후 이 4개의 반원의 내부에 색칠하여 얻은 그림을 R_1이라 하자.

그림 R_1에서 점 A_1을 지나고 중심이 H_1인 색칠된 반원의 호에 접하는 직선과 점 B_1을 지나고 중심이 E_1인 색칠된 반원의 호에 접하는 직선의 교점을 A_2, 점 B_1을 지나고 중심이 E_1인 색칠된 반원의 호에 접하는 직선과 점 C_1을 지나고 중심이 F_1인 색칠된 반원의 호에 접하는 직선의 교점을 B_2, 점 C_1을 지나고 중심이 F_1인 색칠된 반원의 호에 접하는 직선과 점 D_1을 지나고 중심이 G_1인 색칠된 반원의 호에 접하는 직선의 교점을 C_2, 점 D_1을 지나고 중심이 G_1인 색칠된 반원의 호에 접하는 직선과 점 A_1을 지나고 중심이 H_1인 색칠된 반원의 호에 접하는 직선의 교점을 D_2라 하자. 정사각형 $A_2B_2C_2D_2$의 내부에 그림 R_1을 얻은 것과 같은 방법으로 4개의 반원을 그리고 이 4개의 반원의 내부에 색칠하여 얻은 그림을 R_2라 하자.

이와 같은 과정을 계속하여 n번째 얻은 그림 R_n에 색칠되어 있는 부분의 넓이를 S_n이라 할 때, $\lim\limits_{n \to \infty} S_n$의 값은? [3점]

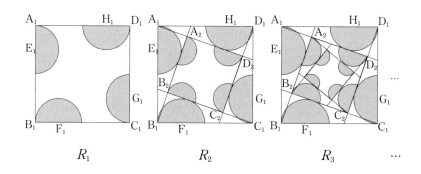

R_1 R_2 R_3 ⋯

① $\dfrac{9\sqrt{2}\,\pi}{4}$

② $\dfrac{19\sqrt{2}\,\pi}{8}$

③ $\dfrac{5\sqrt{2}\,\pi}{2}$

④ $\dfrac{21\sqrt{2}\,\pi}{8}$

⑤ $\dfrac{11\sqrt{2}\,\pi}{4}$

28 함수 $f(x)=|x^2-x|e^{4-x}$이 있다. 양수 k에 대하여 함수 $g(x)$를

$$g(x)=\begin{cases} f(x) & (f(x)\leq kx) \\ kx & (f(x)>kx) \end{cases}$$

라 하자. 구간 $(-\infty,\ \infty)$에서 함수 $g(x)$가 미분가능하지 않은 x의 개수를 $h(k)$라 할 때, [보기]에서 옳은 것만을 있는 대로 고른 것은? [4점]

┌─── 보 기 ───┐

ㄱ. $k=2$일 때, $g(2)=4$이다.

ㄴ. 함수 $h(k)$의 최댓값은 4이다.

ㄷ. $h(k)=2$를 만족시키는 k의 값의 범위는 $e^2\leq k<e^4$이다.

① ㄱ   ② ㄱ, ㄴ   ③ ㄱ, ㄷ   ④ ㄴ, ㄷ   ⑤ ㄱ, ㄴ, ㄷ

단답형 (미적분)

29 두 함수 $f(x)=\dfrac{1}{x}$, $g(x)=\dfrac{k}{x}\,(k>1)$에 대하여 좌표평면에서 직선 $x=2$가 두 곡선 $y=f(x)$, $y=g(x)$와 만나는 점을 각각 P, Q라 하자. 곡선 $y=f(x)$에 대하여 점 P에서의 접선을 l, 곡선 $y=g(x)$에 대하여 점 Q에서의 접선을 m이라 하자. 두 직선 l, m이 이루는 예각의 크기가 $\dfrac{\pi}{4}$일 때, 상수 k에 대하여 $3k$의 값을 구하시오. [4점]

30 [그림 1]과 같이 좌표평면 위에 중심이 원점이고 반지름의 길이가 4인 큰 원 C_1과 반지름의 길이가 1인 작은 원 C_2가 점 $(4, 0)$에서 외접하고 있다. 이때 작은 원 위의 한 점을 P라 하자. [그림 2]와 같이 원 C_2가 원 C_1에 접한 상태로 굴러갈 때, 두 원의 중심을 연결한 선분이 x축의 양의 방향과 이루는 각의 크기를 θ라 하자. θ의 값이 0에서 $\dfrac{\pi}{2}$까지 변할 때, 점 $(4, 0)$에서 출발한 점 P가 움직인 거리를 구하시오. [4점]

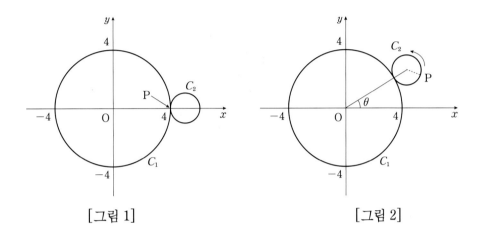

[그림 1] [그림 2]

※확인 사항

○ 답안지의 해당란에 필요한 내용을 정확히 기입(표기)했는지 확인하시오.

○ 이어서, 「선택과목(기하)」문제가 제시되오니, 자신이 선택한 과목인지 확인하시오.

○○○○학년도 사관학교 · (경찰대) · 수능 대비 실전모의고사 문제지

수 학 영 역

기하

5지선다형 (기하)

23 좌표공간에서 두 점 A(2, 3, −1), B(−1, 3, 2)에 대하여 선분 AB를 1:2로 내분하는 점의 좌표를 (a, b, c)라 할 때, $a+b+c$의 값은? [2점]

① 2   ② 3   ③ 4   ④ 5   ⑤ 6

24 점 $A(-2, 4)$에서 포물선 $y^2 = 4x$에 그은 두 접선의 기울기의 곱은? [3점]

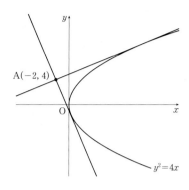

① $-\dfrac{1}{4}$ 　　② $-\dfrac{3}{8}$ 　　③ $-\dfrac{1}{2}$ 　　④ $-\dfrac{5}{8}$ 　　⑤ $-\dfrac{3}{4}$

25 좌표평면에서 두 점 $A(-3, 0)$, $B(3, 0)$을 초점으로 하고 장축의 길이가 8인 타원이 있다. 초점이 B이고 원점을 꼭짓점으로 하는 포물선이 타원과 만나는 한 점을 P라 할 때, 선분 PB의 길이는? [3점]

① $\dfrac{22}{7}$ 　　② $\dfrac{23}{7}$ 　　③ $\dfrac{24}{7}$ 　　④ $\dfrac{25}{7}$ 　　⑤ $\dfrac{26}{7}$

26 그림과 같이 반지름의 길이가 1이고 중심각의 크기가 $\dfrac{\pi}{2}$인 부채꼴 OAB가 있다. 호 AB 위를 움직이는 두 점 P, Q에 대하여 [보기]에서 옳은 것을 모두 고른 것은? [3점]

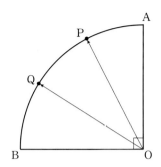

─── 보 기 ───

ㄱ. $|\overrightarrow{OP}+\overrightarrow{OQ}|$의 최솟값은 $\sqrt{2}$ 이다.

ㄴ. $|\overrightarrow{OP}-\overrightarrow{OQ}|$의 최댓값은 $\sqrt{2}$ 이다.

ㄷ. $\overrightarrow{OP}\cdot\overrightarrow{OQ}$의 최댓값은 1이다.

① ㄴ   ② ㄷ   ③ ㄱ, ㄴ   ④ ㄱ, ㄷ   ⑤ ㄱ, ㄴ, ㄷ

27 쌍곡선 $\dfrac{x^2}{4} - y^2 = 1$의 꼭짓점 중 x좌표가 음수인 점을 중심으로 하는 원 C가 있다. 점 $(3, 0)$을 지나고 원 C에 접하는 두 직선이 각각 쌍곡선 $\dfrac{x^2}{4} - y^2 = 1$과 한 점에서만 만날 때, 원 C의 반지름의 길이는? [3점]

① 2 ② $\sqrt{5}$ ③ $\sqrt{6}$ ④ $\sqrt{7}$ ⑤ $2\sqrt{2}$

28 그림과 같이 평면 α와 한 점 A에서 만나는 정삼각형 ABC가 있다. 두 점 B, C의 평면 α 위로의 정사영을 각각 B′, C′이라 하자. $\overline{AB'}=\sqrt{5}$, $\overline{B'C'}=2$, $\overline{C'A}=\sqrt{3}$ 일 때, 정삼각형 ABC의 넓이는? [4점]

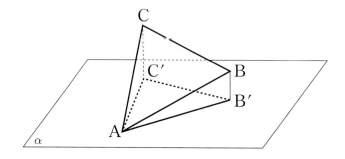

① $\sqrt{3}$ ② $\dfrac{2+\sqrt{3}}{2}$ ③ $\dfrac{3+\sqrt{3}}{2}$ ④ $\dfrac{1+2\sqrt{3}}{2}$ ⑤ $\dfrac{3+2\sqrt{3}}{2}$

29 평면 α 위에 있는 서로 다른 두 점 A, B와 평면 α 위에 있지 않은 점 P에 대하여 삼각형 PAB 는 $\overline{\text{PB}}=4$, $\angle\text{PAB}=\dfrac{\pi}{2}$ 인 직각이등변삼각형이고, 평면 PAB와 평면 α가 이루는 각의 크기 는 $\dfrac{\pi}{6}$ 이다. 점 P에서 평면 α에 내린 수선의 발을 H라 할 때, 사면체 PHAB의 부피를 V라 하자. $27V^2$의 값을 구하시오. [4점]

30 그림과 같이 $\overline{OA}=3$, $\overline{OB}=2$, $\angle AOB=30°$인 삼각형 OAB가 있다. 연립부등식 $3x+y\geq 2$, $x+y\leq 2$, $y\geq 0$을 만족시키는 x, y에 대하여 벡터 $\overrightarrow{OP}=x\overrightarrow{OA}+y\overrightarrow{OB}$의 종점 P가 존재하는 영역의 넓이를 S라 할 때, S^2의 값을 구하시오. [4점]

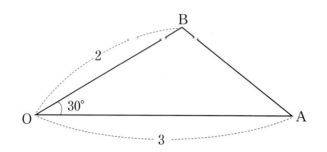

※ 확인 사항

○ 답안지의 해당란에 필요한 내용을 정확히 기입(표기)했는지 확인하시오.

PART II

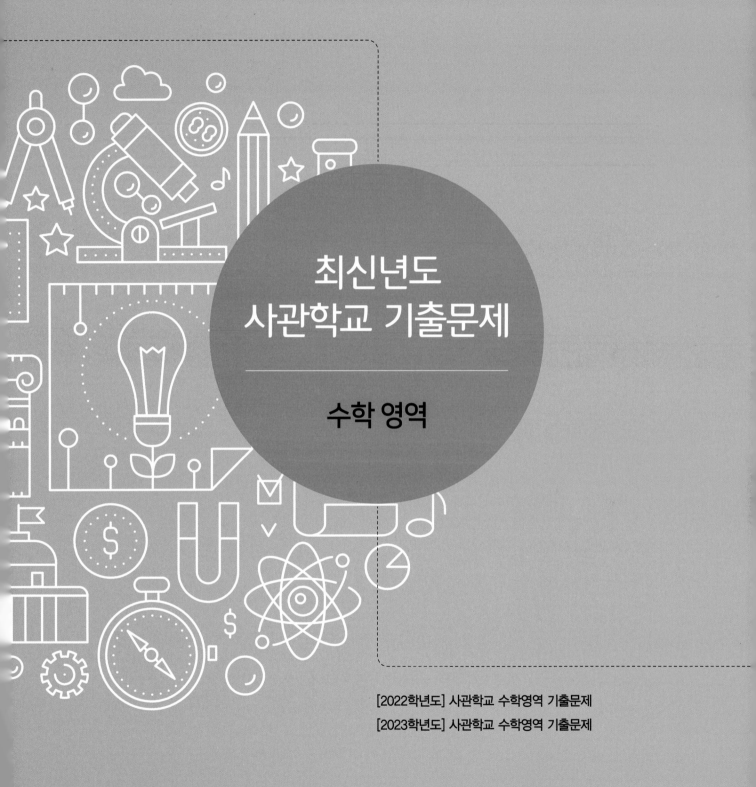

최신년도
사관학교 기출문제

수학 영역

2022학년도 사관학교 1차 선발시험 문제지

수 학 영 역

공 통

성명		수험번호							

○ **문제지**의 해당란에 성명과 수험번호를 기입하시오.

○ **답안지**의 해당란에 성명과 수험번호를 정확하게 표기하시오.

○ 문항에 따라 배점이 다르니, 각 물음의 끝에 표시된 배점을 참고하시오.

○ 주관식 답의 숫자는 자리에 맞추어 표기하며, '0'이 포함된 경우에는 '0'을 OMR 답안지에 반드시 표기하시오.

○ 23번부터는 선택과목이니 자신이 선택한 과목(확률과 통계, 미적분, 기하)의 문제지인지 확인하시오.

※ 시험 시작 전까지 표지를 넘기지 마시오.

공　　란

01

$\lim\limits_{x \to 2} \dfrac{x^2 - x + a}{x - 2} = b$일 때, $a + b$의 값은? (단, a, b는 상수이다.) [2점]

① 1   ② 2   ③ 3   ④ 4   ⑤ 5

02

등비수열 $\{a_n\}$에 대하여

$$a_3 = 1, \ \frac{a_4 + a_5}{a_2 + a_3} = 4$$

일 때, a_9의 값은? [2점]

① 8   ② 16   ③ 32   ④ 64   ⑤ 128

03 $\sum\limits_{k=1}^{9} k(2k+1)$의 값은? [3점]

① 600   ② 605   ③ 610   ④ 615   ⑤ 620

04 함수 $f(x)=x^3-4x^2+ax+6$에 대하여

$$\lim_{h \to 0} \frac{f(2+h)-f(2)}{h \times f(h)}=1$$

일 때, 상수 a의 값은? [3점]

① 2   ② 4   ③ 6   ④ 8   ⑤ 10

05 다항함수 $f(x)$의 도함수 $f'(x)$가

$$f'(x) = 4x^3 + ax$$

이고 $f(0) = -2$, $f(1) = 1$일 때, $f(2)$의 값은? (단, a는 상수이다.) [3점]

① 18   ② 19   ③ 20   ④ 21   ⑤ 22

06 $\sqrt[m]{64} \times \sqrt[n]{81}$ 의 값이 자연수가 되도록 하는 2 이상의 자연수 m, n의 모든 순서쌍 (m, n)의 개수는? [3점]

① 2   ② 4   ③ 6   ④ 8   ⑤ 10

07　함수 $f(x)=\cos^2 x-4\cos\left(x+\dfrac{\pi}{2}\right)+3$의 최댓값은? [3점]

① 1　　　　② 3　　　　③ 5　　　　④ 7　　　　⑤ 9

08 그림과 같은 5개의 칸에 5개의 수 $\log_a 2$, $\log_a 4$, $\log_a 8$, $\log_a 32$, $\log_a 128$을 한 칸에 하나씩 적는다. 가로로 나열된 3개의 칸에 적힌 세 수의 합과 세로로 나열된 3개의 칸에 적힌 세 수의 합이 15로 서로 같을 때, a의 값은? [3점]

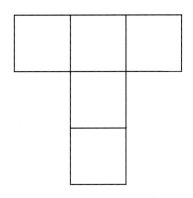

① $2^{\frac{1}{3}}$ ② $2^{\frac{2}{3}}$ ③ 2 ④ $2^{\frac{4}{3}}$ ⑤ $2^{\frac{5}{3}}$

09 첫째항이 1인 등차수열 $\{a_n\}$이 있다. 모든 자연수 n에 대하여

$$S_n = \sum_{k=1}^{n} a_k, \quad T_n = (-1)^k a_k$$

라 하자. $\dfrac{S_{10}}{T_{10}} = 6$일 때, T_{37}의 값은? [4점]

① 7   ② 9   ③ 11   ④ 13   ⑤ 15

10 양의 실수 a에 대하여 함수 $f(x)$를

$$f(x) = \begin{cases} x^2 - 5a & (x < a) \\ -2x + 4 & (x \ge a) \end{cases}$$

라 하자. 함수 $f(-x)f(x)$가 $x = a$에서 연속이 되도록 하는 모든 a의 값의 합은? [4점]

① 9   ② 10   ③ 11   ④ 12   ⑤ 13

11 시각 $t=0$일 때 동시에 원점을 출발하여 수직선 위를 움직이는 두 점 P, Q의 시각 $t(t \geq 0)$에서의 속도가 각각

$$v_1(t)=3t^2-6t, \; v_2(t)=2t$$

이다. 두 점 P, Q가 시각 $t=a(a>0)$에서 만날 때, 시각 $t=0$에서 $t=a$까지 점 P가 움직인 거리는? [4점]

① 22   ② 24   ③ 26   ④ 28   ⑤ 30

12 닫힌구간 $[-1, 3]$에서 정의된 함수

$$f(x) = \begin{cases} x^3 - 6x^2 + 5 & (-1 \leq x \leq 1) \\ x^2 - 4x + a & (1 < x \leq 3) \end{cases}$$

의 최댓값과 최솟값의 합이 0일 때, $\lim\limits_{x \to 1+} f(x)$의 값은? (단, a는 상수이다.) [4점]

① -5　　　② $-\dfrac{9}{2}$　　　③ -4　　　④ $-\dfrac{7}{2}$　　　⑤ -3

13

$a>1$인 실수 a에 대하여 좌표평면에 두 곡선

$$y=a^x,\ y=\left|a^{-x-1}-1\right|$$

이 있다. [보기]에서 옳은 것만을 있는 대로 고른 것은? [4점]

─ 보 기 ─

ㄱ. 곡선 $y=\left|a^{-x-1}-1\right|$은 점 $(-1,\,0)$을 지난다.

ㄴ. $a=4$이면 두 곡선의 교점의 개수는 2이다.

ㄷ. $a>4$이면 두 곡선의 모든 교점의 x좌표의 합은 -2보다 크다.

① ㄱ　　　② ㄱ, ㄴ　　　③ ㄱ, ㄷ　　　④ ㄴ, ㄷ　　　⑤ ㄱ, ㄴ, ㄷ

14 함수 $f(x)=x^3-x$와 상수 $a(a>-1)$에 대하여 곡선 $y=f(x)$ 위의 두 점 $(-1, f(-1))$, $(a, f(a))$를 지나는 직선을 $y=g(x)$라 하자. 함수

$$h(x)=\begin{cases} f(x) & (x<-1) \\ g(x) & (-1\leq x\leq a) \\ f(x-m)+n & (x>a) \end{cases}$$

가 다음 조건을 만족시킨다.

> (가) 함수 $h(x)$는 실수 전체의 집합에서 미분가능하다.
> (나) 함수 $h(x)$는 일대일대응이다.

$m+n$의 값은? (단, m, n은 상수이다.) [4점]

① 1　　　② 3　　　③ 5　　　④ 7　　　⑤ 9

15 다음 조건을 만족시키는 모든 수열 $\{a_n\}$에 대하여 a_1의 최솟값을 m이라 하자.

> (가) 수열 $\{a_n\}$의 모든 항은 정수이다.
> (나) 모든 자연수 n에 대하여
> $$a_{2n}=a_3\times a_n+1, \quad a_{2n+1}=2a_n-a_2$$
> 이다.

$a_1=m$인 수열 $\{a_n\}$에 대하여 a_9의 값은? [4점]

① -53 ② -51 ③ -49 ④ -47 ⑤ -45

16 함수 $f(x)=(x+3)(x^3+x)$의 $x=1$에서의 미분계수를 구하시오. [3점]

17 $0 \le x < 8$일 때, 방정식 $\sin \dfrac{\pi x}{2} = \dfrac{3}{4}$의 모든 해의 합을 구하시오. [3점]

18 모든 양의 실수 x에 대하여 부등식

$$x^3 - 5x^2 + 3x + n \geq 0$$

이 항상 성립하도록 하는 자연수 n의 최솟값을 구하시오. [3점]

19 함수 $f(x)=\log_2 kx$에 대하여 곡선 $y=f(x)$와 직선 $y=x$가 두 점 A, B에서 만나고 $\overline{\text{OA}}=\overline{\text{AB}}$ 이다. 함수 $f(x)$의 역함수를 $g(x)$라 할 때, $g(5)$의 값을 구하시오. (단, k는 0이 아닌 상수이고, O는 원점이다.) [3점]

20 양의 실수 a에 대하여 함수 $f(x)$를

$$f(x) = \begin{cases} \dfrac{3}{a}x^2 & (-a \le x \le a) \\ 3a & (x < -a \text{ 또는 } x > a) \end{cases}$$

라 하자. 함수 $y = f(x)$의 그래프와 x축 및 두 직선 $x = -3$, $x = 3$으로 둘러싸인 부분의 넓이가 8이 되도록 하는 모든 a의 값의 합은 S이다. $40S$의 값을 구하시오. [4점]

21

$\angle \mathrm{BAC}=\theta\left(\dfrac{2}{3}\pi \leq \theta < \dfrac{3}{4}\pi\right)$인 삼각형 ABC의 외접원의 중심을 O, 세 점 B, O, C를 지나는 원의 중심을 O′이라 하자. 다음은 점 O′이 선분 AB 위에 있을 때, $\dfrac{\overline{\mathrm{BC}}}{\overline{\mathrm{AC}}}$의 값을 θ에 대한 식으로 나타내는 과정이다.

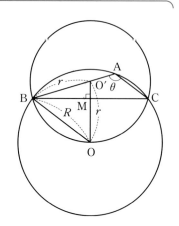

삼각형 ABC의 외접원의 반지름의 길이를 R라 하면 사인법칙에 의하여

$$\dfrac{\overline{\mathrm{BC}}}{\sin\theta}=2R$$

세 점 B, O, C를 지나는 원의 반지름의 길이를 r라 하자. 선분 O′O는 선분 BC를 수직이등분하므로 이 두 선분의 교점을 M 이라 하면

$$\overline{\mathrm{O'M}}=r-\overline{\mathrm{OM}}=r-|R\cos\theta|$$

직각삼각형 O′BM에서

$$R=\boxed{\text{(가)}}\times r$$

이므로

$$\sin(\angle \mathrm{O'BM})=\boxed{\text{(나)}}$$

따라서 삼각형 ABC에서 사인법칙에 의하여

$$\dfrac{\overline{\mathrm{BC}}}{\overline{\mathrm{AC}}}=\boxed{\text{(다)}}$$

위의 (가), (나), (다)에 알맞은 식을 각각 $f(\theta)$, $g(\theta)$, $h(\theta)$라 하자.

$\cos\alpha=-\dfrac{3}{5}$, $\cos\beta=-\dfrac{\sqrt{10}}{5}$인 α, β에 대하여 $f(\alpha)+g(\beta)+\left\{h\left(\dfrac{2}{3}\pi\right)\right\}^{2}=\dfrac{q}{p}$ 이다.

$p+q$의 값을 구하시오. (단, p와 q는 서로소인 자연수이다.) [4점]

22 일차함수 $f(x)$에 대하여 함수 $g(x)$를

$$g(x) = \int_0^x (x-2)f(s)\,ds$$

라 하자. 실수 t에 대하여 직선 $y = tx$와 곡선 $y = g(x)$가 만나는 점의 개수를 $h(t)$라 할 때, 다음 조건을 만족시키는 모든 함수 $g(x)$에 대하여 $g(4)$의 값의 합을 구하시오. [4점]

$g(k) = 0$을 만족시키는 모든 실수 k에 대하여 함수 $h(t)$는 $t = -k$에서 불연속이다.

※ 확인 사항

○ 답안지의 해당란에 필요한 내용을 정확히 기입(표기)했는지 확인하시오.

○ 이어서, 「선택과목(확률과 통계)」 문제가 제시되오니, 자신이 선택한 과목인지 확인하시오.

2022학년도 사관학교 1차 선발시험 문제지

수 학 영 역

확률과 통계

23 다항식 $(2x+1)^6$의 전개식에서 x^2의 계수는?

[2점]

① 40   ② 60   ③ 80   ④ 100   ⑤ 120

24 숫자 1, 2, 3, 4, 5, 6이 하나씩 적혀 있는 6개의 공이 있다. 이 6개의 공을 일정한 간격을 두고 원형으로 배열할 때, 3의 배수가 적혀 있는 두 공이 서로 이웃하도록 배열하는 경우의 수는? (단, 회전하여 일치하는 것은 같은 것으로 본다.) [3점]

① 48   ② 54   ③ 60   ④ 66   ⑤ 72

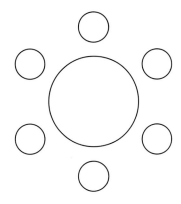

25 어느 학교의 컴퓨터 동아리는 남학생 21명, 여학생 18명으로 이루어져 있고, 모든 학생은 데스크톱 컴퓨터와 노트북 컴퓨터 중 한 가지만 사용한다고 한다. 이 동아리의 남학생 중에서 데스크톱 컴퓨터를 사용하는 학생은 15명이고, 여학생 중에서 노트북 컴퓨터를 사용하는 학생은 10명이다. 이 동아리 학생 중에서 임의로 선택한 1명이 데스크톱 컴퓨터를 사용하는 학생일 때, 이 학생이 남학생일 확률은? [3점]

① $\dfrac{8}{21}$ ② $\dfrac{10}{21}$ ③ $\dfrac{15}{23}$ ④ $\dfrac{5}{7}$ ⑤ $\dfrac{18}{23}$

26

1부터 10까지의 자연수가 하나씩 적혀 있는 10장의 카드가 있다. 이 10장의 카드 중에서 임의로 선택한 서로 다른 3장의 카드에 적혀 있는 세 수의 곱이 4의 배수일 확률은? [3점]

① $\frac{1}{6}$ ② $\frac{1}{3}$ ③ $\frac{1}{2}$ ④ $\frac{2}{3}$ ⑤ $\frac{5}{6}$

27 평균이 100, 표준편차가 σ인 정규분포를 따르는 모집단에서 크기가 25인 표본을 임의추출하여 구한 표본평균을 $\overline{X}$라 하자. $P(98 \leq \overline{X} \leq 102) = 0.9876$일 때, σ의 값을 오른쪽 표준정규분포표를 이용하여 구한 것은? [3점]

z	$P(0 \leq Z \leq z)$
1.5	0.4332
2.0	0.4772
2.5	0.4938
3.0	0.4987

① 2
② $\dfrac{5}{2}$
③ 3
④ $\dfrac{7}{2}$
⑤ 4

28 두 집합

$$X=\{1, 2, 3, 4, 5, 6, 7, 8\},$$
$$Y=\{1, 2, 3\}$$

에 대하여 다음 조건을 만족시키는 모든 함수
$f: X \to Y$의 개수는? [4점]

(가) 집합 X의 임의의 두 원소 x_1, x_2에 대하여 $x_1 < x_2$이면 $f(x_1) \leq f(x_2)$이다.

(나) 집합 X의 모든 원소 x에 대하여 $(f \circ f \circ f)(x) = 1$이다.

① 24 　　　② 27 　　　③ 30 　　　④ 33 　　　⑤ 36

29 그림과 같이 8개의 칸에 숫자 0, 1, 2, 3, 4, 5, 6, 7이 하나씩 적혀 있는 말판이 있고, 숫자 0이 적혀 있는 칸에 말이 놓여 있다. 한 개의 주사위를 사용하여 다음 시행을 한다.

> 주사위를 한 번 던져
>
> 나오는 눈의 수가 3 이상이면 말을 화살표 방향으로 한 칸 이동시키고,
>
> 나오는 눈의 수가 3보다 작으면 말을 화살표 반대 방향으로 한 칸 이동시킨다.

위의 시행을 4회 반복한 후 말이 도착한 칸에 적혀 있는 수를 확률변수 X라 하자. $E(36X)$의 값을 구하시오. [4점]

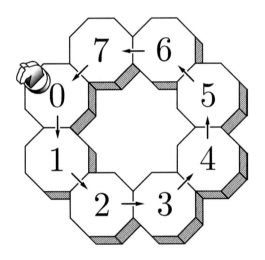

30 검은 공 4개, 흰 공 2개가 들어 있는 주머니에 대하여 다음 시행을 2회 반복한다.

> 주머니에서 임의로 3개의 공을 동시에 꺼낸 후, 꺼낸 공 중에서 흰 공은 다시
> 주머니에 넣고 검은 공은 다시 넣지 않는다.

두 번째 시행의 결과 주머니에 흰 공만 2개 들어 있을 때, 첫 번째 시행의 결과 주머니에 들어
있는 검은 공의 개수가 2일 확률은 $\dfrac{q}{p}$이다. $p+q$의 값을 구하시오. (단, p와 q는 서로소인 자
연수이다.) [4점]

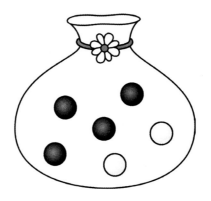

수 학 영 역

미적분

---

23 $\lim_{n \to \infty}(\sqrt{an^2+bn} - \sqrt{2n^2+1}) = 1$일 때, ab의 값은? (단, a, b는 상수이다.) [2점]

① $\sqrt{2}$ ② 2 ③ $2\sqrt{2}$ ④ 4 ⑤ $4\sqrt{2}$

24 $\displaystyle\lim_{n\to\infty}\sum_{k=1}^{n}\frac{1}{n+3k}$ 의 값은? [3점]

① $\dfrac{1}{3}\ln 2$ ② $\dfrac{2}{3}\ln 2$ ③ $\ln 2$ ④ $\dfrac{4}{3}\ln 2$ ⑤ $\dfrac{5}{3}\ln 2$

25 매개변수 t로 나타내어진 곡선

$$x=e^t\cos(\sqrt{3}\,t)-1,\ y=e^t\sin(\sqrt{3}\,t)+1\ (0\le t\le\ln 7)$$

의 길이는? [3점]

① 9   ② 10   ③ 11   ④ 12   ⑤ 13

26 그림과 같이 $\overline{AB_1}=2$, $\overline{AD_1}=\sqrt{5}$인 직사각형 $AB_1C_1D_1$이 있다. 중심이 A이고 반지름의 길이가 $\overline{AD_1}$인 원과 선분 B_1C_1의 교점을 E_1, 중심이 C_1이고 반지름의 길이가 $\overline{C_1D_1}$인 원과 선분 B_1C_1의 교점을 F_1이라 하자. 호 D_1F_1과 두 선분 D_1E_1, F_1E_1로 둘러싸인 부분에 색칠하여 얻은 그림을 R_1이라 하자.

그림 R_1에서 선분 AB_1 위의 점 B_2, 호 D_1F_1 위의 점 C_2, 선분 AD_1 위의 점 D_2와 점 A를 꼭짓점으로 하고 $\overline{AB_2}:\overline{AD_2}=2:\sqrt{5}$인 직사각형 $AB_2C_2D_2$를 그린다. 중심이 A이고 반지름의 길이가 $\overline{AD_2}$인 원과 선분 B_2C_2의 교점을 E_2, 중심이 C_2이고 반지름의 길이가 $\overline{C_2D_2}$인 원과 선분 B_2C_2의 교점을 F_2라 하자. 호 D_2F_2와 두 선분 D_2E_2, F_2E_2로 둘러싸인 부분에 색칠하여 얻은 그림을 R_2라 하자.

이와 같은 과정을 계속하여 n번째 얻은 그림 R_n에 색칠되어 있는 부분의 넓이를 S_n이라 할 때, $\lim_{n\to\infty}S_n$의 값은? [3점]

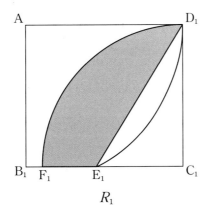

R_1

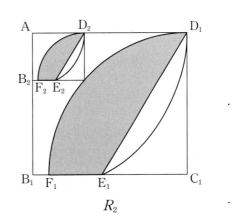

R_2

① $\dfrac{8\pi+8-8\sqrt{5}}{7}$

② $\dfrac{8\pi+8-7\sqrt{5}}{7}$

③ $\dfrac{9\pi+9-9\sqrt{5}}{8}$

④ $\dfrac{9\pi+9-8\sqrt{5}}{8}$

⑤ $\dfrac{10\pi+10-10\sqrt{5}}{9}$

27

양의 실수 t에 대하여 곡선 $y=\ln(2x^2+2x+1)$ $(x>0)$과 직선 $y=t$가 만나는 점의 x좌표를 $f(t)$라 할 때, $f'(2\ln 5)$의 값은? [3점]

① $\dfrac{25}{14}$ ② $\dfrac{13}{7}$ ③ $\dfrac{27}{14}$ ④ 2 ⑤ $\dfrac{29}{14}$

28 그림과 같이 길이가 4인 선분 AB의 중점 O에 대하여 선분 OB를 반지름으로 하는 사분원 OBC가 있다. 호 BC 위를 움직이는 점 P에 대하여 선분 OB 위의 점 Q가 $\angle APC = \angle PCQ$ 를 만족시킨다. 선분 AP가 두 선분 CO, CQ와 만나는 점을 각각 R, S라 하자. $\angle PAB = \theta$일 때, 삼각형 RQS의 넓이를 $S(\theta)$라 하자. $\lim\limits_{\theta \to 0+} \dfrac{S(\theta)}{\theta^2}$의 값은? $\left(\text{단, } 0 < \theta < \dfrac{\pi}{4}\right)$ [4점]

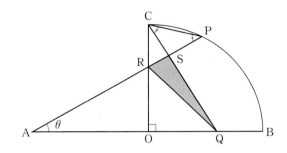

① $\dfrac{1}{4}$ ② $\dfrac{1}{2}$ ③ 1   ④ 2   ⑤ 4

29 실수 전체의 집합에서 연속인 함수 $f(x)$가 다음 조건을 만족시킨다.

> (가) $-1 \leq x \leq 1$에서 $f(x) < 0$이다.
>
> (나) $\displaystyle\int_{-1}^{0} |f(x)\sin x|\, dx = 2$, $\displaystyle\int_{0}^{1} |f(x)\sin x|\, dx = 3$

함수 $g(x) = \displaystyle\int_{-1}^{x} |f(t)\sin t|\, dt$에 대하여 $\displaystyle\int_{-1}^{1} f(-x)g(-x)\sin x\, dx = \dfrac{q}{p}$ 이다. $p+q$의 값을 구하시오. (단, p와 q는 서로소인 자연수이다.) [4점]

30 최고차항의 계수가 1인 삼차함수 $f(x)$에 대하여 함수

$$g(x) = \begin{cases} f(x) & (0 \le x \le 2) \\ \dfrac{f(x)}{x-1} & (x<0 \text{ 또는 } x>2) \end{cases}$$

가 다음 조건을 만족시킨다.

(가) 함수 $g(x)$는 실수 전체의 집합에서 연속이고, $g(2) \ne 0$이다.

(나) 함수 $g(x)$가 $x=a$에서 미분가능하지 않은 실수 a의 개수는 1이다.

(다) $g(k)=0$, $g'(k)=\dfrac{16}{3}$인 실수 k가 존재한다.

함수 $g(x)$의 극솟값이 p일 때, p^2의 값을 구하시오. [4점]

※확인 사항

○ 답안지의 해당란에 필요한 내용을 정확히 기입(표기)했는지 확인하시오.

○ 이어서, 「선택과목(기하)」 문제가 제시되오니, 자신이 선택한 과목인지 확인하시오.

2022학년도 사관학교 1차 선발시험 문제지

수 학 영 역

기하

---

23 세 벡터 $\vec{a}=(x, 3)$, $\vec{b}=(1, y)$, $\vec{c}=(-3, 5)$가 $2\vec{a}=\vec{b}-\vec{c}$를 만족시킬 때, $x+y$의 값은? [2점]

① 11　　　　② 12　　　　③ 13　　　　④ 14　　　　⑤ 15

24 좌표공간의 두 점 A$(0, 2, -3)$, B$(6, -4, 15)$에 대하여 선분 AB 위에 점 C가 있다. 세 점 A, B, C에서 xy평면에 내린 수선의 발을 각각 A$'$, B$'$, C$'$이라 하자. $2\overline{A'C'} = \overline{C'B'}$일 때, 점 C의 z좌표는? [3점]

① -5 ② -3 ③ -1 ④ 1 ⑤ 3

25 쌍곡선 $x^2 - \dfrac{y^2}{3} = 1$ 위의 제1사분면에 있는 점 P에서의 접선의 x절편이 $\dfrac{1}{3}$이다. 쌍곡선 $x^2 - \dfrac{y^2}{3} = 1$의 두 초점 중 x좌표가 양수인 점을 F라 할 때, 선분 PF의 길이는? [3점]

① 5 ② $\dfrac{16}{3}$ ③ $\dfrac{17}{3}$ ④ 6 ⑤ $\dfrac{19}{3}$

26 좌표공간에서 중심이 $A(a, -3, 4)$ $(a>0)$인 구 S가 x축과 한 점에서만 만나고 $\overline{OA} = 3\sqrt{3}$ 일 때, 구 S가 z축과 만나는 두 점 사이의 거리는? (단, O는 원점이다.) [3점]

① $3\sqrt{6}$ 　　② $2\sqrt{14}$ 　　③ $\sqrt{58}$ 　　④ $2\sqrt{15}$ 　　⑤ $\sqrt{62}$

27 그림과 같이 한 변의 길이가 4인 정삼각형 ABC에 대하여 점 A를 지나고 직선 BC에 평행한 직선을 l이라 할 때, 세 직선 AC, BC, l에 모두 접하는 원을 O라 하자. 원 O 위의 점 P에 대하여 $|\overrightarrow{AC}+\overrightarrow{BP}|$의 최댓값을 M, 최솟값을 m이라 할 때, Mm의 값은? (단, 원 O의 중심은 삼각형 ABC의 외부에 있다.) [3점]

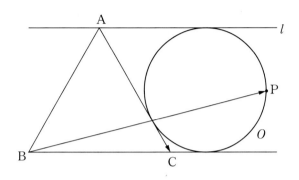

① 46   ② 47   ③ 48   ④ 49   ⑤ 50

28　[그림 1]과 같이 $\overline{AB}=3$, $\overline{AD}=2\sqrt{7}$ 인 직사각형 ABCD 모양의 종이가 있다. 선분 AD의 중점을 M이라 하자. 두 선분 BM, CM을 접는 선으로 하여 [그림 2]와 같이 두 점 A, D가 한 점 P에서 만나도록 종이를 접었을 때, 평면 PBM과 평면 BCM이 이루는 각의 크기를 θ라 하자. $\cos\theta$의 값은? (단, 종이의 두께는 고려하지 않는다.) [4점]

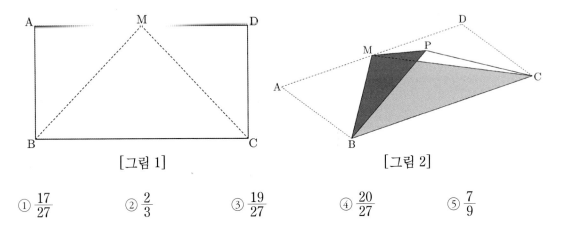

[그림 1]　　　　　　　　　　　[그림 2]

① $\dfrac{17}{27}$　　　　② $\dfrac{2}{3}$　　　　③ $\dfrac{19}{27}$　　　　④ $\dfrac{20}{27}$　　　　⑤ $\dfrac{7}{9}$

29 그림과 같이 포물선 $y^2=16x$의 초점을 F라 하자. 점 F를 한 초점으로 하고 점 A$(-2, 0)$을 지나며 다른 초점 F'이 선분 AF 위에 있는 타원 E가 있다. 포물선 $y^2=16x$가 타원 E와 제1사분면에서 만나는 점을 B라 하자. $\overline{\text{BF}}=\dfrac{21}{5}$ 일 때, 타원 E의 장축의 길이는 k이다. $10k$의 값을 구하시오. [4점]

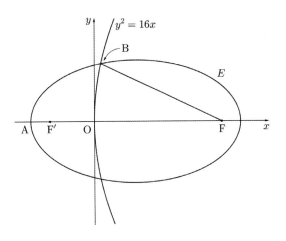

30   좌표평면 위의 두 점 $A(6, 0)$, $B(6, 5)$와 음이 아닌 실수 k에 대하여 두 점 P, Q가 다음 조건을 만족시킨다.

> (가) $\overrightarrow{OP} = k(\overrightarrow{OA} + \overrightarrow{OB})$이고 $\overrightarrow{OP} \cdot \overrightarrow{OA} \leq 21$이다.
>
> (나) $|\overrightarrow{AQ}| = |\overrightarrow{AB}|$이고 $\overrightarrow{OQ} \cdot \overrightarrow{OA} \leq 21$이다.

$\overrightarrow{OX} = \overrightarrow{OP} + \overrightarrow{OQ}$를 만족시키는 점 X가 나타내는 도형의 넓이는 $\dfrac{q}{p}\sqrt{3}$ 이다. $p+q$의 값을 구하시오. (단, O는 원점이고, p와 q는 서로소인 자연수이다.) [4점]

※ 확인 사항

○ 답안지의 해당란에 필요한 내용을 정확히 기입(표기)했는지 확인하시오.

2023학년도 사관학교 1차 선발시험 문제지

수 학 영 역

공 통

성명		수험번호							

○ **문제지**의 해당란에 성명과 수험번호를 기입하시오.

○ **답안지**의 해당란에 성명과 수험번호를 정확하게 표기하시오.

○ 문항에 따라 배점이 다르니, 각 물음의 끝에 표시된 배점을 참고하시오.

○ 주관식 답의 숫자는 자리에 맞추어 표기하며, '0'이 포함된 경우에는 '0'을 OMR 답안지에 반드시 표기하시오.

○ 23번부터는 선택과목이니 자신이 선택한 과목(확률과 통계, 미적분, 기하)의 문제지인지 확인하시오.

※ 시험 시작 전까지 표지를 넘기지 마시오.

공 란

01 $\dfrac{4}{3^{-2}+3^{-3}}$ 의 값은? [2점]

① 9　　　　② 18　　　　③ 27　　　　④ 36　　　　⑤ 45

02 함수 $f(x)=(x^3-2x^2+3)(ax+1)$에 대하여 $f'(0)=15$일 때, 상수 a의 값은? [2점]

① 3　　　　② 5　　　　③ 7　　　　④ 9　　　　⑤ 11

03 등비수열 $\{a_n\}$에 대하여

$$a_2 = 4, \quad \frac{(a_3)^2}{a_1 \times a_7} = 2$$

일 때, a_4의 값은? [3점]

① $\dfrac{\sqrt{2}}{2}$ ② 1 ③ $\sqrt{2}$ ④ 2 ⑤ $2\sqrt{2}$

04 함수 $y = f(x)$의 그래프가 그림과 같다.

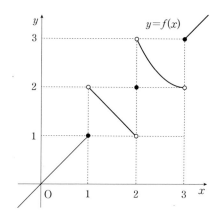

$\displaystyle \lim_{x \to 1+} f(x) + \lim_{x \to 3-} f(x)$의 값은? [3점]

① 1 ② 2 ③ 3 ④ 4 ⑤ 5

05 이차방정식 $5x^2-x+a=0$의 두 근이 $\sin\theta$, $\cos\theta$일 때, 상수 a의 값은? [3점]

① $-\dfrac{12}{5}$　　　② -2　　　③ $-\dfrac{8}{5}$　　　④ $-\dfrac{6}{5}$　　　⑤ $-\dfrac{4}{5}$

06 함수 $f(x)=\dfrac{1}{2}x^4+ax^2+b$가 $x=a$에서 극소이고, 극댓값 $a+8$을 가질 때, $a+b$의 값은? (단, a, b는 상수이다.) [3점]

① 2　　　② 3　　　③ 4　　　④ 5　　　⑤ 6

07

그림과 같이 직선 $y=mx+2(m>0)$이 곡선 $y=\dfrac{1}{3}\left(\dfrac{1}{2}\right)^{x-1}$ 과 만나는 점을 A,

직선 $y=mx+2$가 x축, y축과 만나는 점을 각각 B, C라 하자. $\overline{AB}:\overline{AC}=2:1$일 때, 상수

m의 값은? [3점]

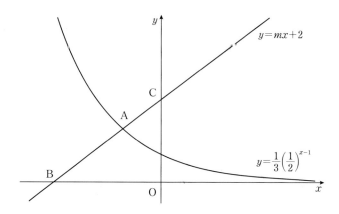

① $\dfrac{7}{12}$ ② $\dfrac{5}{8}$ ③ $\dfrac{2}{3}$ ④ $\dfrac{17}{24}$ ⑤ $\dfrac{3}{4}$

08   함수

$$f(x) = \begin{cases} x^2 - 2x & (x < a) \\ 2x + b & (x \geq a) \end{cases}$$

가 실수 전체의 집합에서 미분가능할 때, $a+b$의 값은? (단, a, b는 상수이다.) [3점]

① -4 ② -2 ③ 0 ④ 2 ⑤ 4

09 곡선 $y=|\log_2(-x)|$를 y축에 대하여 대칭이동한 후 x축의 방향으로 k만큼 평행이동한 곡선을 $y=f(x)$라 하자. 곡선 $y=f(x)$와 곡선 $y=|\log_2(-x+8)|$이 세 점에서 만나고 세 교점의 x좌표의 합이 18일 때, k의 값은? [4점]

① 1   ② 2   ③ 3   ④ 4   ⑤ 5

10 사차함수 $f(x)$가 다음 조건을 만족시킬 때, $f(2)$의 값은? [4점]

(가) $f(0)=2$이고 $f'(4)=-24$이다.

(나) 부등식 $xf'(x)>0$을 만족시키는 모든 실수 x의 값의 범위는 $1<x<3$이다.

---

① 3 　　② $\dfrac{10}{3}$ 　　③ $\dfrac{11}{3}$ 　　④ 4 　　⑤ $\dfrac{13}{3}$

11 자연수 n에 대하여 직선 $x=n$이 직선 $y=x$와 만나는 점을 P_n, 곡선 $y=\dfrac{1}{20}x\left(x+\dfrac{1}{3}\right)$과 만나는 점을 Q_n, x축과 만나는 점을 R_n이라 하자. 두 선분 P_nQ_n, Q_nR_n의 길이 중 작은 값을 a_n이라 할 때, $\displaystyle\sum_{n=1}^{10}a_n$의 값은? [4점]

① $\dfrac{115}{6}$ ② $\dfrac{58}{3}$ ③ $\dfrac{39}{2}$ ④ $\dfrac{59}{3}$ ⑤ $\dfrac{119}{6}$

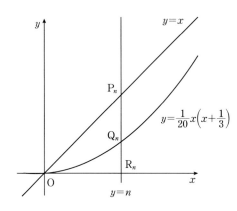

12 함수

$$f(x) = \begin{cases} x^2+1 & (x \leq 2) \\ ax+b & (x > 2) \end{cases}$$

에 대하여 $f(\alpha) + \lim\limits_{x \to \alpha+} f(x) = 4$를 만족시키는 실수 α의 개수가 4이고, 이 네 수의 합이 8이다. $a+b$의 값은? (단, a, b는 상수이다.) [4점]

① $-\dfrac{7}{4}$　　② $-\dfrac{5}{4}$　　③ $-\dfrac{3}{4}$　　④ $-\dfrac{1}{4}$　　⑤ $\dfrac{1}{4}$

13

그림과 같이 중심이 O_1이고 반지름의 길이가 $r(r>3)$인 원 C_1과 중심이 O_2이고 반지름의 길이가 1인 원 C_2에 대하여 $\overline{O_1O_2}=2$이다. 원 C_1 위를 움직이는 점 A에 대하여 직선 AO_2가 원 C_1과 만나는 점 중 A가 아닌 점을 B라 하자. 원 C_2 위를 움직이는 점 C에 대하여 직선 AC가 원 C_1과 만나는 점 중 A가 아닌 점을 D라 하자. 다음은 $\overline{BD}$가 최대가 되도록 네 점 A, B, C, D를 정할 때, $\overline{O_1C}^2$을 r에 대한 식으로 나타내는 과정이다.

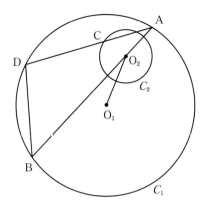

삼각형 ADB에서 사인법칙에 의하여

$$\frac{\overline{BD}}{\sin A} = \boxed{\text{(가)}}$$

이므로 $\overline{BD}$가 최대이려면 직선 AD가 원 C_2와 점 C에서 접해야 한다.

이때 직각삼각형 ACO_2에서 $\sin A = \dfrac{1}{\overline{AO_2}}$이므로

$$\overline{BD} = \frac{1}{\overline{AO_2}} \times \boxed{\text{(가)}}$$

이다.

그러므로 직선 AD가 원 C_2와 점 C에서 접하고 $\overline{AO_2}$가 최소일 때 $\overline{BD}$는 최대이다.

$\overline{AO_2}$의 최솟값은

$$\boxed{\text{(나)}}$$

이므로 $\overline{BD}$가 최대일 때,

$$\overline{O_1C}^2 = \boxed{\text{(다)}}$$

이다.

위의 (가), (나), (다)에 알맞은 식을 각각 $f(r)$, $g(r)$, $h(r)$라 할 때, $f(4) \times g(5) \times h(6)$의 값은?

[4점]

① 216   ② 192   ③ 168   ④ 144   ⑤ 120

14 최고차항의 계수가 1인 이차함수 $f(x)$에 대하여 함수 $g(x)$를

$$g(x) = \begin{cases} f(x) & (x < 12) \\ 2f(1) - f(x) & (x \geq 2) \end{cases}$$

이라 하자. 함수 $g(x)$에 대하여 [보기]에서 옳은 것만을 있는 대로 고른 것은? [4점]

─── 보 기 ───

ㄱ. 함수 $g(x)$는 실수 전체의 집합에서 연속이다.

ㄴ. $\displaystyle\lim_{h \to 0+} \frac{g(-1+h) + g(-1-h) - 6}{h} = a$ (a는 상수)이고 $g(1) = 1$이면 $g(a) = 1$이다.

ㄷ. $\displaystyle\lim_{h \to 0+} \frac{g(b+h) + g(b-h) - 6}{h} = 4$ (b는 상수)이면 $g(4) = 1$이다.

① ㄱ
② ㄱ, ㄴ
③ ㄱ, ㄷ
④ ㄴ, ㄷ
⑤ ㄱ, ㄴ, ㄷ

15 함수

$$f(x) = \left| 2a\cos\frac{b}{2}x - (a-2)(b-2) \right|$$

가 다음 조건을 만족시키도록 하는 10 이하의 자연수 a, b의 모든 순서쌍 (a, b)의 개수는?

[4점]

(가) 함수 $f(x)$는 주기가 π인 주기함수이다.

(나) $0 \le x \le 2\pi$에서 함수 $y=f(x)$의 그래프와 직선 $y=2a-1$의 교점의 개수는 4이다.

① 11　　　　② 13　　　　③ 15　　　　④ 17　　　　⑤ 19

16 $\log_3 a \times \log_3 b = 2$이고 $\log_a 3 + \log_b 3 = 4$일 때, $\log_3 ab$의 값을 구하시오. [3점]

17 함수 $f(x) = 3x^3 - x + a$에 대하여 곡선 $y = f(x)$ 위의 점 $(1, f(1))$에서의 접선이 원점을 지날 때, 상수 a의 값을 구하시오. [3점]

18 곡선 $y=x^3+2x$와 y축 및 직선 $y=3x+6$으로 둘러싸인 부분의 넓이를 구하시오. [3점]

19　수열 $\{a_n\}$은 $a_1=1$이고, 모든 자연수 n에 대하여

$$a_{2n}=2a_n,\ a_{2n+1}=3a_n$$

을 만족시킨다. $a_7+a_k=73$ 인 자연수 k의 값을 구하시오. [3점]

20 원점을 출발하여 수직선 위를 움직이는 점 P의 시각 $t(t \geq 0)$에서의 속도는

$$v(t) = |at - b| - 4 \ (a > 0, \ b > 4)$$

이다. 시각 $t = 0$에서 $t = k$까지 점 P가 움직인 거리를 $s(k)$, 시각 $t = 0$에서 $t = k$까지 점 P의 위치의 변화량을 $x(k)$라 할 때, 두 함수 $s(k)$, $x(k)$가 다음 조건을 만족시킨다.

> (가) $0 \leq k < 3$이면 $s(k) - x(k) < 8$이다.
>
> (나) $k \geq 3$이면 $s(k) - x(k) = 8$이다.

시각 $t = 1$에서 $t = 6$까지 점 P의 위치의 변화량을 구하시오. (단, a, b는 상수이다.) [4점]

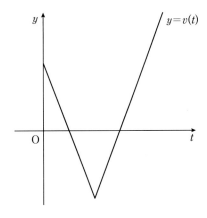

21 등차수열 $\{a_n\}$이 다음 조건을 만족시킨다.

(가) $a_6 + a_7 = -\dfrac{1}{2}$

(나) $a_l + a_m = 1$이 되도록 하는 두 자연수 l, m $(l < m)$의 모든 순서쌍 (l, m)의 개수는 6이다.

등차수열 $\{a_n\}$의 첫째항부터 제14항까지의 합을 S라 할 때, $2S$의 값을 구하시오. [4점]

22 최고차항의 계수가 정수인 삼차함수 $f(x)$에 대하여 $f(1)=1$, $f'(1)=0$이다. 함수 $g(x)$를

$$g(x)=f(x)+|f(x)-1|$$

이라 할 때, 함수 $g(x)$가 다음 조건을 만족시키도록 하는 함수 $f(x)$의 개수를 구하시오. [4점]

(가) 두 함수 $y=f(x)$, $y=g(x)$의 그래프의 모든 교점의 x좌표의 합은 3이다.

(나) 모든 자연수 n에 대하여 $n<\displaystyle\int_0^n g(x)dx<n+16$이다.

※ 확인 사항

○ 답안지의 해당란에 필요한 내용을 정확히 기입(표기)했는지 확인하시오.

○ 이어서, 「선택과목(확률과 통계)」 문제가 제시되오니, 자신이 선택한 과목인지 확인하시오.

수 학 영 역

확률과 통계

23 $(x+2)^6$의 전개식에서 x^4의 계수는? [2점]

① 58   ② 60   ③ 62   ④ 64   ⑤ 66

24 이산확률변수 X의 확률분포를 표로 나타내면 다음과 같다.

X	1	2	3	합계
$P(X=x)$	a	$\dfrac{a}{2}$	$\dfrac{a}{3}$	1

$E(11X+2)$의 값은? [3점]

① 18　　　② 19　　　③ 20　　　④ 21　　　⑤ 22

25 어느 회사에서 근무하는 직원들의 일주일 근무 시간은 평균이 42시간, 표준편차가 4시간인 정규분포를 따른다고 한다. 이 회사에서 근무하는 직원 중에서 임의추출한 4명의 일주일 근무 시간의 표본평균이 43시간 이상일 확률을 오른쪽 표준정규분포표를 이용하여 구한 것은? [3점]

z	$P(0 \le Z \le z)$
0.5	0.1915
1.0	0.3413
1.5	0.4332
2.0	0.4772

① 0.0228　　　② 0.0668　　　③ 0.1587

④ 0.3085　　　⑤ 0.3413

26

세 학생 A, B, C를 포함한 6명의 학생이 있다. 이 6명의 학생이 일정한 간격을 두고 원 모양의 탁자에 모두 둘러앉을 때, A와 C는 이웃하지 않고, B와 C도 이웃하지 않도록 앉는 경우의 수는? (단, 회전하여 일치하는 것은 같은 것으로 본다.) [3점]

① 24   ② 30   ③ 36   ④ 42   ⑤ 48

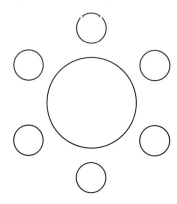

27 한 개의 주사위를 두 번 던져서 나온 눈의 수를 차례로 a, b라 하자. 이차부등식 $ax^2+2bx+a-3 \le 0$의 해가 존재할 확률은? [3점]

① $\dfrac{7}{9}$　　　② $\dfrac{29}{36}$　　　③ $\dfrac{5}{6}$　　　④ $\dfrac{31}{36}$　　　⑤ $\dfrac{8}{9}$

28 두 집합 $X=\{1, 2, 3, 4\}$, $Y=\{0, 1, 2, 3, 4, 5, 6\}$에 대하여 X에서 Y로의 함수 f 중에서

$$f(1)+f(2)+f(3)+f(4)=8$$

을 만족시키는 함수 f의 개수는? [4점]

① 137   ② 141   ③ 145   ④ 149   ⑤ 153

29 서로 다른 두 자연수 a, b에 대하여 두 확률변수 X, Y가 각각 정규분포 $N(a, \sigma^2)$, $N(2b-a, \sigma^2)$을 따른다. 확률변수 X의 확률밀도함수 $f(x)$와 확률변수 Y의 확률밀도함수 $g(x)$가 다음 조건을 만족시킬 때, $a+b$의 값을 구하시오. [4점]

(가) $P(X \leq 11) = P(Y \geq 11)$

(나) $f(17) < g(10) < f(15)$

30

그림과 같이 두 주머니 A와 B에 흰 공 1개, 검은 공 1개가 각각 들어 있다. 주머니 A에 들어 있는 공의 개수 또는 주머니 B에 들어 있는 공의 개수가 0이 될 때까지 다음의 시행을 반복한다.

> 두 주머니 A, B에서 각각 임의로 하나씩 꺼낸 두 개의 공이
> 서로 같은 색이면 꺼낸 공을 모두 주머니 A에 넣고,
> 서로 다른 색이면 꺼낸 공을 모두 주머니 B에 넣는다.

4번째 시행의 결과 주머니 A에 들어 있는 공의 개수가 0일 때, 2번째 시행의 결과 주머니 A에 들어 있는 흰 공의 개수가 1 이상일 확률은 p이다. $36p$의 값을 구하시오. [4점]

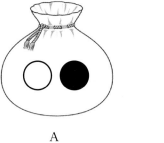 

A   B

※ 확인 사항

○ 답안지의 해당란에 필요한 내용을 정확히 기입(표기)했는지 확인하시오.

○ 이어서, 「선택과목(미적분)」 문제가 제시되오니, 자신이 선택한 과목인지 확인하시오.

2023학년도 사관학교 1차 선발시험 문제지

수 학 영 역

미적분

23 $\lim\limits_{n \to \infty} \dfrac{1}{\sqrt{an^2+bn}-\sqrt{n^2-1}}=4$ 일 때, ab의 값은? (단, a, b는 상수이다.) [2점]

① $\dfrac{1}{4}$ ② $\dfrac{1}{2}$ ③ $\dfrac{3}{4}$ ④ 1   ⑤ $\dfrac{5}{4}$

24 함수 $f(x)=x^3+3x+1$의 역함수를 $g(x)$라 하자. 함수 $h(x)=e^x$에 대하여 $(h \circ g)\,'(5)$의 값은?

[3점]

① $\dfrac{e}{8}$ ② $\dfrac{e}{7}$ ③ $\dfrac{e}{6}$ ④ $\dfrac{e}{5}$ ⑤ $\dfrac{e}{4}$

25 함수 $f(x)=x^2 e^{x^2-1}$에 대하여 $\displaystyle\lim_{n\to\infty}\sum_{k=1}^{n}\dfrac{2}{n+k}\,f\!\left(1+\dfrac{k}{n}\right)$의 값은? [3점]

① e^3-1 ② $e^3-\dfrac{1}{e}$ ③ e^4-1 ④ $e^4-\dfrac{1}{e}$ ⑤ e^5-1

26 구간 $(0, \infty)$에서 정의된 미분가능한 함수 $f(x)$가 있다. 모든 양수 t에 대하여 곡선 $y=f(x)$ 위의 점 $(t, f(t))$에서의 접선의 기울기는 $\dfrac{\ln t}{t^2}$이다. $f(1)=0$일 때, $f(e)$의 값은? [3점]

① $\dfrac{e-2}{3e}$ 　　　② $\dfrac{e-2}{2e}$ 　　　③ $\dfrac{e-1}{3e}$

④ $\dfrac{e-2}{e}$ 　　　⑤ $\dfrac{e-1}{e}$

27 그림과 같이 $\overline{A_1B_1}=4$, $\overline{A_1D_1}=3$인 직사각형 $A_1B_1C_1D_1$이 있다. 선분 A_1D_1을 $1:2$, $2:1$로 내분하는 점을 각각 E_1, F_1이라 하고, 두 선분 A_1B_1, D_1C_1을 $1:3$으로 내분하는 점을 각각 G_1, H_1이라 하자. 두 삼각형 $C_1E_1G_1$, $B_1H_1F_1$로 만들어진 ✕ 모양의 도형에 색칠하여 얻은 그림을 R_1이라 하자.

그림 R_1에서 두 선분 B_1H_1, C_1G_1이 만나는 점을 I_1이라 하자. 선분 B_1I_1 위의 점 A_2, 선분 C_1I_1 위의 점 D_2, 선분 B_1C_1 위의 두 점 B_2, C_2를 $\overline{A_2B_2}:\overline{A_2D_2}=4:3$인 직사각형 $A_2B_2C_2D_2$가 되도록 잡는다. 그림 R_1을 얻은 것과 같은 방법으로 직사각형 $A_2B_2C_2D_2$에 ✕ 모양의 도형을 그리고 색칠하여 얻은 그림을 R_2라 하자.

이와 같은 과정을 계속하여 n번째 얻은 그림 R_n에 색칠되어 있는 부분의 넓이를 S_n이라 할 때, $\lim\limits_{n\to\infty} S_n$의 값은? [3점]

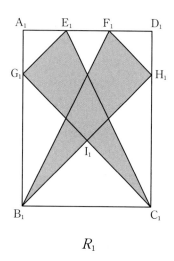

R_1　　　　　　　R_2

① $\dfrac{347}{64}$　　② $\dfrac{351}{64}$　　③ $\dfrac{355}{64}$　　④ $\dfrac{359}{64}$　　⑤ $\dfrac{363}{64}$

28 $0<a<1$인 실수 a에 대하여 구간 $\left[0, \dfrac{\pi}{2}\right)$에서 정의된 두 함수

$y=\sin x$, $y=a\tan x$의 그래프로 둘러싸인 부분의 넓이를 $f(a)$라 할 때, $f'\left(\dfrac{1}{e^2}\right)$의 값은? [4점]

① $-\dfrac{5}{2}$ ② -2 ③ $-\dfrac{3}{2}$ ④ -1 ⑤ $-\dfrac{1}{2}$

29

그림과 같이 반지름의 길이가 5이고 중심각의 크기가 $\dfrac{\pi}{2}$인 부채꼴 OAB에서 선분 OB를 2:3으로 내분하는 점을 C라 하자. 점 P에서 호 AB에 접하는 직선과 직선 OB의 교점을 Q라 하고, 점 C에서 선분 PB에 내린 수선의 발을 R, 점 R에서 선분 PQ에 내린 수선의 발을 S라 하자. ∠POB=θ일 때, 삼각형 OCP의 넓이를 $f(\theta)$, 삼각형 PRS의 넓이를 $g(\theta)$라 하자.

$80 \times \lim\limits_{\theta \to 0+} \dfrac{g(\theta)}{\theta^2 \times f(\theta)}$ 의 값을 구하시오. $\left($단, $0 < \theta < \dfrac{\pi}{2}\right)$ [4점]

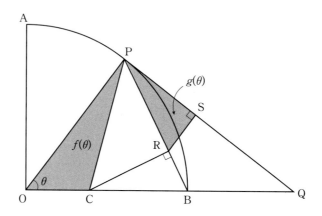

30 최고차항의 계수가 -2인 이차함수 $f(x)$와 두 실수 $a(a>0)$, b에 대하여 함수

$$g(x)=\begin{cases} \dfrac{f(x+1)}{x} & (x<0) \\ f(x)e^{x-a}+b & (x\ge 0) \end{cases}$$

이 다음 조건을 만족시킨다.

(가) $\displaystyle\lim_{x\to 0-}g(x)=2$이고 $g'(a)=-2$이다.

(나) $s<0\le t$이면 $\dfrac{g(t)-g(s)}{t-s}\le -2$이다.

$a-b$의 최솟값을 구하시오. [4점]

※**확인 사항**

○ 답안지의 해당란에 필요한 내용을 정확히 기입(표기)했는지 확인하시오.

○ 이어서, 「**선택과목(기하)**」 문제가 제시되오니, 자신이 선택한 과목인지 확인하시오.

2023학년도 사관학교 1차 선발시험 문제지

수 학 영 역

기 하

23 좌표공간에서 점 P(2, 1, 3)을 x축에 대하여 대칭이동한 점 Q에 대하여 선분 PQ의 길이는?

[2점]

① $2\sqrt{10}$　　② $2\sqrt{11}$　　③ $4\sqrt{3}$　　④ $2\sqrt{13}$　　⑤ $2\sqrt{14}$

24 그림과 같이 평면 α 위에 $\angle BAC = \dfrac{\pi}{2}$이고 $\overline{AB}=1$, $\overline{AC}=\sqrt{3}$인 직각삼각형 ABC가 있다. 점 A를 지나고 평면 α에 수직인 직선 위의 점 P에 대하여 $\overline{PA}=2$일 때, 점 P와 직선 BC 사이의 거리는? [3점]

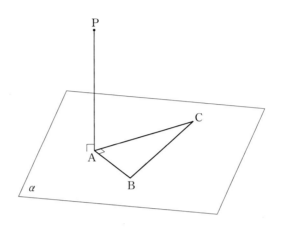

① $\dfrac{\sqrt{17}}{2}$ ② $\dfrac{\sqrt{70}}{4}$ ③ $\dfrac{3\sqrt{2}}{2}$ ④ $\dfrac{\sqrt{74}}{4}$ ⑤ $\dfrac{\sqrt{19}}{2}$

25 타원 $\dfrac{x^2}{16}+\dfrac{y^2}{9}=1$과 두 점 A(4, 0), B(0, −3)이 있다. 이 타원 위의 점 P에 대하여 삼각형 ABP의 넓이가 k가 되도록 하는 점 P의 개수가 3일 때, 상수 k의 값은? [3점]

① $3\sqrt{2}-3$ ② $6\sqrt{2}-7$ ③ $3\sqrt{2}-2$ ④ $6\sqrt{2}-6$ ⑤ $6\sqrt{2}-5$

26 그림과 같이 정삼각형 ABC에서 선분 BC의 중점을 M이라 하고, 직선 AM이 정삼각형 ABC의 외접원과 만나는 점 중 A가 아닌 점을 D라 하자. $\overrightarrow{AD}=m\overrightarrow{AB}+n\overrightarrow{AC}$일 때, $m+n$의 값은? (단, m, n은 상수이다.) [3점]

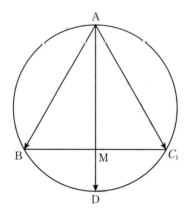

① $\dfrac{7}{6}$ ② $\dfrac{5}{4}$ ③ $\dfrac{4}{3}$ ④ $\dfrac{17}{12}$ ⑤ $\dfrac{3}{2}$

27 그림과 같이 두 초점이 F, F′인 쌍곡선 $ax^2-4y^2=a$ 위의 점 중 제1사분면에 있는 점 P와 선분 PF′ 위의 점 Q에 대하여 삼각형 PQF는 한 변의 길이가 $\sqrt{6}-1$인 정삼각형이다. 상수 a의 값은? (단, 점 F의 x좌표는 양수이다.) [3점]

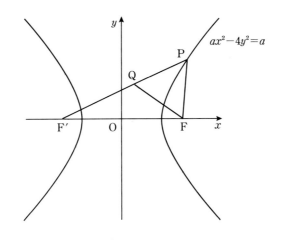

① $\dfrac{9}{2}$ ② 5 ③ $\dfrac{11}{2}$ ④ 6 ⑤ $\dfrac{13}{2}$

28 점 F를 초점으로 하고 직선 l을 준선으로 하는 포물선이 있다. 포물선 위의 두 점 A, B와 점 F를 지나는 직선이 직선 l과 만나는 점을 C라 하자. 두 점 A, B에서 직선 l에 내린 수선의 발을 각각 H, I라 하고 점 B에서 직선 AH에 내린 수선의 발을 J라 하자.

$\dfrac{\overline{BJ}}{\overline{BI}} = \dfrac{2\sqrt{15}}{3}$ 이고 $\overline{AB} = 8\sqrt{5}$ 일 때, 선분 HC의 길이는? [4점]

① $21\sqrt{3}$　　　② $22\sqrt{3}$　　　③ $23\sqrt{3}$　　　④ $24\sqrt{3}$　　　⑤ $25\sqrt{3}$

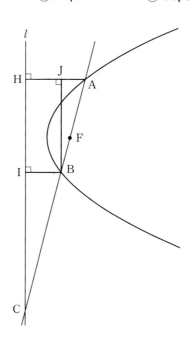

29 좌표공간에 점 $(4, 3, 2)$를 중심으로 하고 원점을 지나는 구

$$S : (x-4)^2 + (y-3)^2 + (z-2)^2 = 29$$

가 있다. 구 S 위의 점 $\mathrm{P}(a, b, 7)$에 대하여 직선 OP를 포함하는 평면 α가 구 S와 만나서 생기는 원을 C라 하자. 평면 α와 원 C가 다음 조건을 만족시킨다.

(가) 직선 OP와 xy평면이 이루는 각의 크기와 평면 α와 xy평면이 이루는 각의 크기는 같다.

(나) 선분 OP는 원 C의 지름이다.

$a^2 + b^2 < 25$일 때, 원 C의 xy평면 위로의 정사영의 넓이는 $k\pi$이다. $8k^2$의 값을 구하시오. (단, O는 원점이다.) [4점]

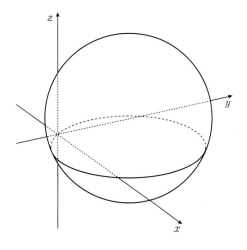

30　좌표평면 위의 세 점 $A(6, 0)$, $B(2, 6)$, $C(k, -2k)$ $(k>0)$과 삼각형 ABC의 내부 또는 변 위의 점 P가 다음 조건을 만족시킨다.

> (가) $5\overrightarrow{BA} \cdot \overrightarrow{OP} - \overrightarrow{OB} \cdot \overrightarrow{AP} = \overrightarrow{OA} \cdot \overrightarrow{OB}$
>
> (나) 점 P가 나타내는 도형의 길이는 $\sqrt{5}$ 이다.

$\overrightarrow{OA} \cdot \overrightarrow{CP}$의 최댓값을 구하시오. (단, O는 원점이다.) [4점]

※ 확인 사항

○ 답안지의 해당란에 필요한 내용을 정확히 기입(표기)했는지 확인하시오.

PART Ⅲ

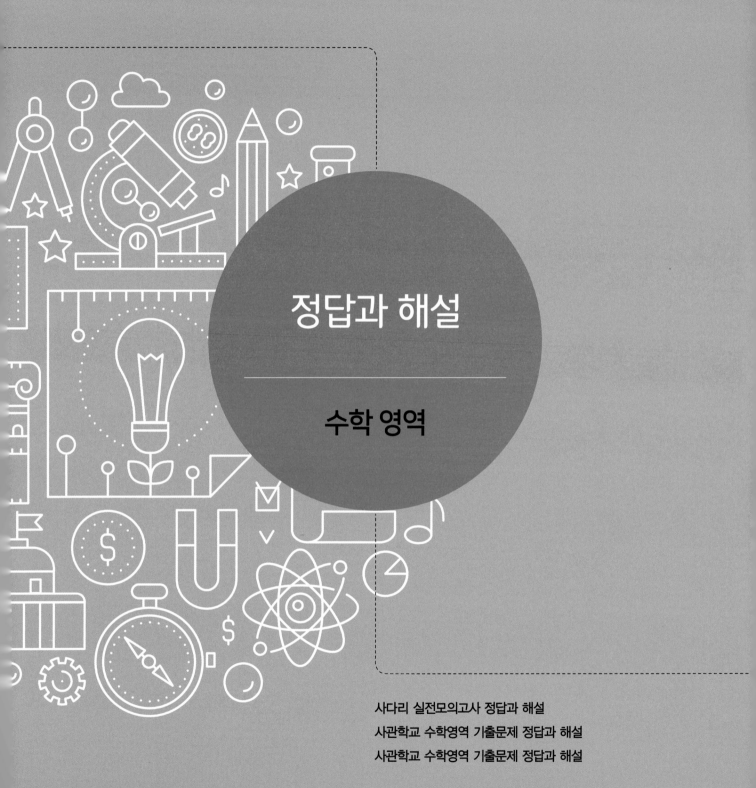

정답과 해설

수학 영역

사다리 실전모의고사 정답과 해설

사관학교 수학영역 기출문제 정답과 해설

사관학교 수학영역 기출문제 정답과 해설

공 란

실전모의고사 정답과 해설
수학 영역

제1회 사다리 실전모의고사 정답과 해설

제○교시	수학 영역				
공통과목	수학1 수학2	01 ②	02 ③	03 ④	04 ③	05 ①
		06 ④	07 ①	08 ④	09 ⑤	10 ①
		11 ④	12 ③	13 ④	14 ②	15 ②
		16 12	17 4	18 6	19 13	20 10
		21 48	22 35			
선택과목	확통	23 ③	24 ④	25 ②	26 ④	27 ④
		28 ④	29 81	30 31		
	미적	23 ③	24 ②	25 ④	26 ①	27 ③
		28 ①	29 5	30 49		
	기하	23 ③	24 ③	25 ⑤	26 ④	27 ②
		28 ③	29 41	30 37		

> 수학 1, 2

 01 　　　　　　정답 ②

$$(\log_6 4)^2 + (\log_6 9)^2 + 2\log_6 4 \times \log_6 9 = (\log_6 4 + \log_6 9)^2$$
$$= (\log_6 36)^2$$
$$= 2^2 = 4$$

02 　　　　　　정답 ③

$$\frac{b}{a} = \frac{15}{6} = \frac{5}{2}$$

03 　　　　　　정답 ④

$$(\sin\theta + \cos\theta)^2 = 1 + 2\sin\theta\cos\theta = \frac{1}{4}$$

$$\sin\theta \times \cos\theta = -\frac{3}{8}$$

ⅰ) $\sin\theta > 0$, $\cos\theta < 0$일 때 제2사분면

ⅱ) $\sin\theta < 0$, $\cos\theta > 0$일 때 제4사분면

그러므로 제2사분면 또는 제4사분면

04 　　　　　　정답 ③

$f(x) = x^3 + ax^2 + (a+6)x + 2$에서

$f'(x) = 3x^2 + 2ax + (a+6)$

삼차함수 $f(x)$가 극값을 갖지 않으려면

모든 실수 x에 대하여 $f'(x) \ge 0$ 또는 $f'(x) \le 0$이어야 한다.

그런데 $f'(x)$이 최고차항의 계수가 양수이므로

$f'(x) \ge 0$이어야 한다.

따라서 이차방정식 $f'(x) = 0$의 판별식을 D라 할 때,

$D \le 0$이어야 한다.

$$\frac{D}{4} = a^2 - 3(a+6) \le 0$$

$$(a-6)(a+3) \le 0$$

$$\therefore -3 \le a \le 6$$

따라서 정수 a의 개수는 10개다.

 05 　　　　　　정답 ①

$$x(10) = \int_0^{10} v(t)dt = \frac{1}{2} \cdot 8 \cdot 2k - \frac{1}{2} \cdot 2 \cdot k = 7k$$

따라서 $7k = \dfrac{35}{3}$에서 $k = \dfrac{5}{3}$

따라서 출발 후 10초 동안 점 P가 움직인 거리는

$$\int_0^{10} |v(t)|dt = 9k = 9 \cdot \frac{5}{3} = 15$$

 06 　　　　　　정답 ④

주어진 관계식에 $n = 1, 2, 3, \cdots$를 차례로 대입하면

n	1	2	3	4	5	6	7	8	9	10
a_n	20	11	5	2	2	2	2	2	2	2

$$\therefore \sum_{k=1}^{10} a_k = 20 + 11 + 5 + 2 \times 7 = 50$$

07

$y'=-3x^2+6x=-3(x-1)^2+3$이므로

$x=1$, $y=6$일 때 기울기는 3으로 최대이다.

따라서 직선 l은 $y=3(x-1)+6=3x+3$

구하는 도형의 넓이는

$S=\dfrac{1}{2}\times3\times1=\dfrac{3}{2}$

08

$\lim_{x\to0+}f(x)=-1$, $\lim_{x\to0+}\dfrac{g(x)}{f(x)}=-g(0)=1$, $g(0)=-1$

$\lim_{x\to1-}f(x-1)=\lim_{x\to0-}f(x)=1$,

$\lim_{x\to1-}f(x-1)g(x)=g(1)=3$

$g(x)=x^2+ax+b$라 놓으면

$g(0)=b=-1$,

$g(1)=1+a+b=3$이므로

$a=3$, $g(x)=x^2+3x-1$

$\therefore g(2)=4+6-1=9$

09

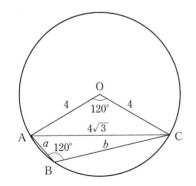

사인법칙에서 $\overline{AC}=8\times\sin120°=4\sqrt{3}$

코사인법칙에서

$\overline{AC}^2=a^2+b^2-2ab\cos120°=a^2+b^2+ab$

$\qquad=(a+b)^2-ab$

$ab=(2\sqrt{15})^2-(4\sqrt{3})^2=12$

구하는 넓이는

$\dfrac{1}{2}(4\times4+ab)\sin120°=7\sqrt{3}$

10

$\displaystyle\int_1^x(x-t)f(t)dt=x^4+ax^2-10x+6$ ······ ㉠

㉠의 양변에 $x=1$을 대입하면

$0=1+a-10+6$

$\therefore a=3$

㉠의 식을 변형하면

$x\displaystyle\int_1^x f(t)dt-\int_1^x tf(t)dt=x^4+3x^2-10x+6$

위의 식의 양변을 x에 대하여 미분하면

$\displaystyle\int_1^x f(t)dt+xf(x)-xf(x)=4x^3+6x-10$

즉, $\displaystyle\int_1^x f(t)dt=4x^3+6x-10$

위의 식의 양변을 x에 대하여 미분하면

$f(x)=12x^2+6$

$\therefore f(1)=12+6=18$

11

$9^a=2^{\frac{1}{b}}$에서 $3^{2ab}=2$

$(a+b)^2=\log_3 64$에서 $3^{(a+b)^2}=64=2^6$

즉 $3^{\frac{(a+b)^2}{6}}=2$이므로

$2ab=\dfrac{(a+b)^2}{6}$, $a^2-10ab+b^2=0$

$t=\dfrac{a}{b}$라 하면 $a>b>0$에서 $t>1$이고

$\left(\dfrac{a}{b}\right)^2-10\left(\dfrac{a}{b}\right)+1=0$

$t^2-10t+1=0$, $t=5+2\sqrt{6}$ $(\because t>1)$

$\therefore \dfrac{a-b}{a+b}=\dfrac{t-1}{t+1}=\dfrac{4+2\sqrt{6}}{6+2\sqrt{6}}=\dfrac{2+\sqrt{6}}{3+\sqrt{6}}$

$\qquad=\dfrac{(2+\sqrt{6})(3-\sqrt{6})}{(3+\sqrt{6})(3-\sqrt{6})}=\dfrac{\sqrt{6}}{3}$

12 정답 ③

조건 (가)에 의하여 $f(0)=0$

조건 (나)에 의하여 $f(2)=f(0)+2=2$

함수 $f(x)$가 실수 전체의 집합에서 연속이므로

$\lim\limits_{x \to 2-} f(x)=f(2)$에서 $4a=2$

$\therefore a=\dfrac{1}{2}$

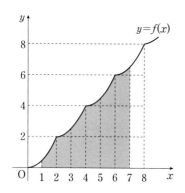

함수 $f(x)$가 연속함수이므로 임의의 실수 n에 대하여

$$\int_{n+2}^{n+4} f(x)dx = \int_{n}^{n+2} f(x+2)dx = \int_{n}^{n+2} \{f(x)+2\}dx$$

$$= \int_{n}^{n+2} f(x)dx + 4$$

따라서

$$\int_{1}^{7} f(x)dx = \int_{1}^{3} f(x)dx + \int_{3}^{5} f(x)dx + \int_{5}^{7} f(x)dx$$

$$= \int_{1}^{3} f(x)dx + \left(\int_{1}^{3} f(x)dx + 4\right) + \left(\int_{1}^{3} f(x)dx + 8\right)$$

$$= 3\int_{1}^{3} f(x)dx + 12$$

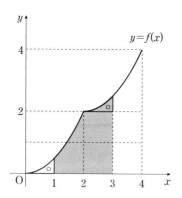

위 그림에서

$$\int_{1}^{3} f(x)dx = \int_{0}^{2} \frac{1}{2}x^2 dx + 2 = \left[\frac{x^3}{6}\right]_{0}^{2} + 2 = \frac{10}{3}$$

$$\therefore \int_{1}^{7} f(x)dx = 3 \times \frac{10}{3} + 12 = 22$$

13 정답 ④

(*)에서

$$a_{n+1}+2 = -\frac{3a_n+2}{a_n}+2 = -\frac{a_n+\boxed{2}}{a_n} \ (n \geq 1) \ \cdots\cdots \ \text{㉠}$$

이다. 여기서

$$b_n = \frac{1}{u_n+2} \ (n \geq 1)$$

이라 하면 $a_1=-\dfrac{5}{3}$이므로 $b_1=\dfrac{1}{-\dfrac{5}{3}+2}=3$이고

$$b_{n+1} = \frac{1}{a_{n+1}+2} = -\frac{a_n}{a_n+2} \ (\because \text{㉠})$$

$$= -\frac{(a_n+2)-2}{a_n+2} = -1+\frac{2}{a_n+2}$$

$$= 2b_n - \boxed{1} \ (n \geq 1)$$

이다.

$$b_{n+1}-1 = 2b_n-2 = 2(b_n-1)$$

이므로 수열 $\{b_n-1\}$은 첫째항이 $b_1-1=2$이고 공비가 2인 등비수열이다.

$$\therefore b_n-1 = 2^n$$

수열 $\{b_n\}$의 일반항은

$$b_n = \boxed{2^n+1} \ (n \geq 1)$$

이므로

$$a_n = \frac{1}{2^n+1}-2 \ (n \geq 1)$$

이다.

$\therefore p=2, \ q=1, \ f(n)=2^n+1$

$\therefore p \times q \times f(5) = 2 \times 1 \times (2^5+1) = 66$

14 정답 ②

$y=2a-f(x)$는 $y=f(x)$를 $y=a$에 대하여 대칭이동한 것이다.

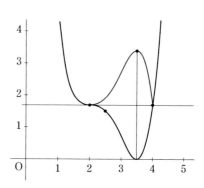

(가)에서 $f(x)=(x-\alpha)^3(x-4)+a$

(나)에서 $f\left(\dfrac{7}{2}\right), \ f'\left(\dfrac{7}{2}\right)=0$이므로

두 식으로부터 $\alpha=2$, $a=\dfrac{27}{16}$ 이다.

따라서 $f(x)=(x-2)^3(x-4)+\dfrac{27}{16}$ 이므로 $f\left(\dfrac{5}{2}\right)=\dfrac{3}{2}$

15
정답 ②

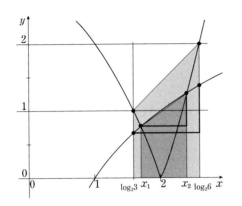

ㄱ. 그림에서 $\log_2 3 < x_1 < x_2 < \log_2 6$ (참)

ㄴ. 그림에서 색칠한 사다리꼴의 넓이에서

$\dfrac{1}{2}(x_2-x_1)(2^{x_2}-2^{x_1}) < \dfrac{3}{2}$ (참)

ㄷ. 그림에서 작은 직각삼각형의 높이에서

$(2^{x_2}-4)-(4-2^{x_1}) < \log_2(\log_2 6)-\log_2(\log_2 3)$

$2^{x_1}+2^{x_2} < 8+\log_2(\log_3 6)$ (거짓)

따라서 옳은 것은 ㄱ, ㄴ이다.

16
정답 12

직사각형의 넓이에서 $\displaystyle\int_0^2 x^3 dx$ 를 뺀다

$\therefore\ 16-\displaystyle\int_0^2 x^3 dx=16-4=12$

17
정답 4

$2>\log_3(2x-5)$ 이므로 $0<2x-5<9$

정수 x 는 3, 4, 5, 6이고, 4개이다.

18
정답 6

$\displaystyle\lim_{x\to a}\dfrac{x^2+ax+4a}{x-a}$ 가 존재하므로 $\displaystyle\lim_{x\to a}(x^2+ax+4a)=0$

따라서 $a^2+a^2+4a=0$, 즉 $a=0$ 또는 $a=-2$

$a=0$ 이면 $f(0)=-10$, $\displaystyle\lim_{x\to a}\dfrac{x^2+ax+4a}{x-a}=0$

이므로 연속이 아니다. 따라서 $a=-2$

$f(2a)=f(-4)=16-10=6$

19
정답 13

$f(x)=2x^3+ax^2+6x-3$ 이라 하면 $g(t)$ 는 곡선 $y=f(x)$ 와 직선 $y=t$ 가 만나는 서로 다른 교점의 개수와 같다.

삼차함수 $f(x)$ 가 극값을 가지면 그림과 같이 t 가 극값과 같을 때를 기준으로 $g(t)$ 의 값이 변한다.

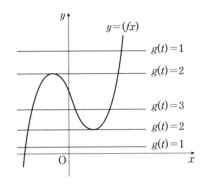

따라서 함수 $g(t)$ 가 실수 전체의 집합에서 연속이려면 함수 $f(x)$ 가 그림과 같이 극값을 갖지 않아야 한다.

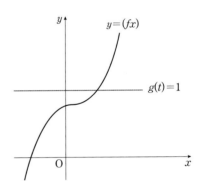

$f(x)=2x^3+ax^2+6x-3$ 에서

$f'(x)=6x^2+2ax+6$

$f(x)$ 가 극값을 갖지 않으려면 방정식 $f'(x)=0$ 이 서로 다른 두 실근을 갖지 않으면 된다.

이차방정식 $f'(x)=0$ 의 판별식을 D 라 하면

$\dfrac{D}{4}=a^2-36\le 0$ 에서 $-6\le a\le 6$

따라서 구하는 정수 a 의 개수는 $6-(-6)+1=13$

20
정답 10

등차수열의 합에서

$\log_2 c_1+\cdots+\log_2 c_m=m\times\dfrac{a+b}{2}=\dfrac{m}{2}$

$\log_2(c_1\times\cdots\times c_m)=\log_2 32=5=\dfrac{m}{2}$

$\therefore\ m=10$

정답과 해설

21
정답 48

$P_n(a_n, b_n)(n=1, 2, \cdots, 96)$이라 하면

$\angle P_n O P_{n+1} = \dfrac{\pi}{48}$ $(n=1, 2, \cdots, 95)$이다.

동경 OP_n이 x축의 양의 방향과 이루는 각을 θ_n이라 하면

점 P_n이 원 $x^2+y^2=1$ 위의 점이므로

$a_n=\cos\theta_n$이다.

그런데 $\angle P_n O P_{n+48} = \dfrac{\pi}{48}\times48=\pi$이므로

$(a_{n+48})^2=\cos^2(\theta_n+\pi)=\cos^2\theta_n=(a_n)^2$

따라서 $\displaystyle\sum_{n=1}^{96}a_n^2=2\sum_{n=1}^{48}a_n^2$이다.

또한, $\angle P_n O P_{n+24}=\dfrac{\pi}{48}\times24=\dfrac{\pi}{2}$이므로

$(a_n)^2+(a_{n+24})^2=\cos^2\theta_n+\cos^2\left(\theta_n+\dfrac{\pi}{2}\right)$

$\qquad\qquad\qquad\quad=\cos^2\theta_n+\sin^2\theta_n=1$

따라서

$\displaystyle\sum_{n=1}^{48}a_n^2=\sum_{n=1}^{24}\left\{(a_n)^2+(a_{n+24})^2\right\}=\sum_{n=1}^{24}1=24$이다.

$\therefore \displaystyle\sum_{n=1}^{96}a_n^2=2\sum_{n=1}^{48}a_n^2=2\times24=48$

22
정답 35

$f(x)=\begin{cases}-x^2-2x & (x\le0)\\ x^2-2x & (x\ge0)\end{cases}$

$f(x+1)=\begin{cases}-x^2-4x-3 & (x\le-1)\\ x^2-1 & (x\ge-1)\end{cases}$

$g(x)=\begin{cases}f(x) & \left(x\le-\dfrac{3}{2}\right)\\ f(x+1) & \left(-\dfrac{3}{2}\le x\le0\right)\\ f(1) & (0\le x\le1)\\ f(x) & (1\le x)\end{cases}$

두 곡선 $y=f(x)$와 $y=g(x)$로 둘러싸인 넓이를 S라 하면

$S=\displaystyle\int_{-\frac{3}{2}}^{0}\{f(x)-f(x+1)\}dx+\int_0^1\{f(x)-f(1)\}dx$

$\quad=\displaystyle\int_{-\frac{3}{2}}^{-1}\{(-x^2-2x)-(-x^2-4x-3)\}dx$

$\qquad+\displaystyle\int_{-1}^{0}\{(-x^2-2x)-(x^2-1)\}dx$

$\qquad+\displaystyle\int_0^1\{(x^2-2x)-(-1)\}dx$

$\quad=\dfrac{1}{4}+\dfrac{4}{3}+\dfrac{1}{3}=\dfrac{23}{12}$

$\therefore p+q=35$

확률과 통계

23
정답 ③

$P(A\cap B^c)=1-P(A^c\cup B)=1-\dfrac{2}{3}=\dfrac{1}{3}$ 이므로

$P(A)=P(A\cap B)+P(A\cap B^c)$

$\qquad=\dfrac{1}{6}+\dfrac{1}{3}=\dfrac{1}{2}$

24
정답 ④

먼저 A, B, C를 제외한 4사람을 원순열로 배치하고, 그 각각에 대하여 4사람의 사이 칸 중 3곳을 택하여 A, B, C의 자리를 정한다.

$\therefore \dfrac{4!}{4}\times{}_4P_3=6\times24=144$

25
정답 ②

X	0	2	4	6	합계
$P(X=x)$	a	$\dfrac{1}{2}$	$\dfrac{1}{4}$	$\dfrac{1}{6}$	1

$a=1-\dfrac{1}{2}-\dfrac{1}{4}-\dfrac{1}{6}=\dfrac{1}{12}$, $E(X)=3$

$\therefore E(aX)=\dfrac{1}{12}\times3=\dfrac{1}{4}$

26
정답 ④

한 번의 시행에서 꺼낸 공의 색깔이 같을 사건을 E, A, B 상자인 사건을 각각 A, B라고 하면

$P(E)=P(A\cap E)+P(B\cap E)$

$\qquad=\dfrac{1}{2}\times\dfrac{{}_2C_2+{}_3C_2}{{}_5C_2}+\dfrac{1}{2}\times\dfrac{{}_3C_2+{}_4C_2}{{}_7C_2}=\dfrac{1}{5}+\dfrac{3}{14}$

$\therefore P(A|E)=\dfrac{\dfrac{1}{5}}{\dfrac{1}{5}+\dfrac{3}{14}}=\dfrac{14}{29}$

27
정답 ④

$1740-1.96\times\dfrac{50}{\sqrt{n}}=1720.4$ 이므로 $n=25$

$a=1740+1.96\times\dfrac{50}{\sqrt{25}}=1759.6$

$\therefore n+a=1784.6$

수학 영역(미적분)

28

(가)에서 $m = \dfrac{(x+10)+(20-x)}{2} = 15$

(나)에서 $P\left(Z \geq \dfrac{17-15}{4}\right) = P\left(Z \leq \dfrac{20-17}{\sigma}\right)$ 이므로

$\dfrac{17-15}{4} + \dfrac{20-17}{\sigma} = 0$, $\sigma = 6$

$\therefore P(X \leq 15+6) = P(Z \leq 1.5) = 0.9332$

29

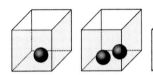

각각의 상자에 3개 또는 6개 이어야 하므로

3	3	6	— — —	$\dfrac{6!}{2!3!} = 60$
3	6	3	— — —	$\dfrac{6!}{2!4!} = 15$
6	3	3	— — —	$\dfrac{6!}{5!} = 6$

$\therefore 60+15+6 = 81$

30

$12 = 2^2 \times 3$이고 $c+d+e \geq 3$이므로

(ⅰ) $c+d+e=3$, $ab=4$일 때,

 a, b, c, d, e 중에서 짝수가 적어도 2개인 경우는

 $(2, 2, 1, 1, 1)$의 1가지

(ⅱ) $c+d+e=4$, $ab=3$일 때,

 a, b, c, d, e 중에서 짝수가 적어도 2개인 경우는 없다.

(ⅲ) $c+d+e=6$, $ab=2$일 때,

 $c+d+e=6$인 경우는

 $(1, 1, 4)$, $(1, 2, 3)$, $(2, 2, 2)$

 이고 $ab=2$인 경우는 $(1, 2)$이다.

 따라서 순서쌍 (a, b, c, d, e)의 개수는

 $2 \times \left(\dfrac{3!}{2!} + 3! + 1\right) = 20$(가지)

(ⅳ) $c+d+e=12$, $ab=1$일 때,

 $ab=1$인 경우는 $(1, 1)$이므로 $c+d+e=12$에서 c, d, e 중 짝수는 2개 이상이다.

 이때 $c+d+e=12$인 경우는

 $(2, 2, 8)$, $(2, 4, 6)$, $(4, 4, 4)$

 이므로 순서쌍 (a, b, c, d, e)의 개수는

 $1 \times \left(\dfrac{3!}{2!} + 3! + 1\right) = 10$(가지)

 따라서 구하는 경우의 수는 $1+20+10 = 31$

미적분

23

$\displaystyle \int_0^{\frac{\pi}{3}} \tan x \, dx = \int_0^{\frac{\pi}{3}} \dfrac{\sin x}{\cos x} \, dx = \left[-\ln|\cos x| \right]_0^{\frac{\pi}{3}}$

$\qquad\qquad\qquad = \ln 2$

24

$f(x) = 2\sin\left(x + \dfrac{\pi}{3}\right) + \sqrt{3}\cos x$

$\quad = 2\left(\sin x \cos\dfrac{\pi}{3} + \cos x \sin\dfrac{\pi}{3}\right) + \sqrt{3}\cos x$

$\quad = \sin x + 2\sqrt{3}\cos x$

$\quad = \sqrt{13}\sin(x+\alpha)$ (단, $\tan\alpha = 2\sqrt{3}$)

α를 예각으로 놓아도 문제의 일반성을 잃지 않는다.

이때, 함수 $f(x)$는 $0 \leq x \leq \pi$에서 $x+\alpha = \dfrac{\pi}{2}$일 때,

최댓값 $\sqrt{13}$을 갖는다.

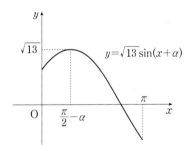

$\therefore \theta = \dfrac{\pi}{2} - \alpha$

$\therefore \tan\theta = \tan\left(\dfrac{\pi}{2} - \alpha\right) = \dfrac{1}{\tan\alpha} = \dfrac{1}{2\sqrt{3}} = \dfrac{\sqrt{3}}{6}$

25

$|x| < 1$이면 $f(x) = \lim\limits_{n \to \infty} \dfrac{x^{2n+1} - 2x^{2n} + 1}{x^{2n+2} + x^{2n} + 1} = 1$

$|x| > 1$이면

$f(x) = \lim\limits_{n \to \infty} \dfrac{x^{2n+1} - 2x^{2n} + 1}{x^{2n+2} + x^{2n} + 1} = \lim\limits_{n \to \infty} \dfrac{x - 2 + \dfrac{1}{x^{2n}}}{x^2 + 1 + \dfrac{1}{x^{2n}}}$

$\quad = \dfrac{x-2}{x^2+1}$

$\lim\limits_{x \to -1-} f(x) = \lim\limits_{x \to -1-} \dfrac{x-2}{x^2+1} = -\dfrac{3}{2} = a$

$\lim\limits_{x \to 1-} f(x) = 1 = b$

$\therefore \dfrac{b}{a+2} = \dfrac{1}{-\dfrac{3}{2}+2} = 2$

26   정답 ①

$f(x) = \dfrac{6x^3}{x^2+1}$, $f'(x) = \dfrac{6x^4+18x^2}{(x^2+1)^2}$

$f(1) = 3$ 이므로 $g'(3) = \dfrac{1}{f'(1)} = \dfrac{1}{6}$

27   정답 ③

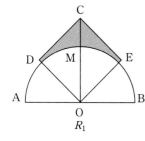
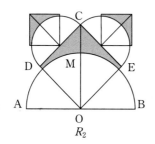

$\overline{OC} = 3$ 이므로 $\overline{OE} = \dfrac{3}{\sqrt{2}}$, 즉 정사각형 CDOE의

넓이는 $\dfrac{9}{2}$ 이고,

사분원의 넓이는 π 이므로, $S_1 = \dfrac{9}{2} - \pi$ 이다.

그리고 두번째 축소된 모양은 지름의 길이가 4에서

$\dfrac{3}{\sqrt{2}}$ 인 반원이므로 줄어든 닮음비는 $\dfrac{3}{4\sqrt{2}}$ 이고

개수가 2배 증가했으므로

공비는 $2 \times \left(\dfrac{3}{4\sqrt{2}} \right)^2 = \dfrac{9}{16}$

$\therefore \displaystyle\lim_{n\to\infty} S_n = \dfrac{\dfrac{9}{2}-\pi}{1-\dfrac{9}{16}} = \dfrac{72-16\pi}{7}$

28   정답 ①

함수 $f(x) = \dfrac{x}{x^2+1}$ 에서

$f'(x) = \left(\dfrac{x}{x^2+1} \right)' = \dfrac{-(x-1)(x+1)}{(x^2+1)^2}$

이므로 $x=-1$에서 극솟값 $-\dfrac{1}{2}$, $x=1$에서 극댓값 $\dfrac{1}{2}$ 을 갖는다.

따라서 함수 $f(x) = \dfrac{|x|}{x^2+1}$ 은 $x=\pm1$에서 극댓값 $\dfrac{1}{2}$ 을 갖고,

$x=0$에서 미분가능하지 않는다.

이때 함수 $g(x)$가 모든 실수 전체의 집합에서 미분가능하므로

아래 그림과 같이 $a=-1$, $b-a=-1$이 성립해야 한다.

즉, $a=-1$, $b=-2$일 때이다.

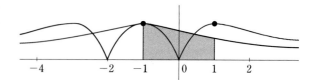

$\displaystyle\int_{-1}^{1} g(x)\,dx = \int_{1}^{3} \dfrac{x}{x^2+1}\,dx = \left[\dfrac{1}{2}\ln(x^2+1) \right]_{1}^{3} = \dfrac{1}{2}\ln 5$

29   정답 5

작은 원의 중심을 O′, 점 P에서 $\overline{OA}$에 내린 수선의 발을 H라고

하면 $\overline{O'A} = r(\theta)$이고 선분 OB와 선분 PQ가 평행하므로

$\angle PQH = \dfrac{\pi}{3}$ 이다.

이때 반원의 중심 O′에서 선분 PQ에 내린 수선의

발을 M이라 하면 삼각형 O′MQ에서

$\overline{O'M} = r(\theta)$, $\overline{O'Q} = \dfrac{2}{\sqrt{3}} r(\theta)$

또 $\overline{OP} = 1$이므로 $\overline{PH} = \sin\theta$이고,

$\angle PQH = \dfrac{\pi}{3}$ 이므로 $\overline{QH} = \dfrac{1}{\sqrt{3}}\sin\theta$

$\overline{OQ} = \overline{OH} - \overline{QH} = \cos\theta - \dfrac{1}{\sqrt{3}}\sin\theta$

$\overline{OA} = 1$이므로

$\overline{OA} = \overline{OQ} + \overline{QO'} + \overline{O'A}$

$\quad = \cos\theta - \dfrac{1}{\sqrt{3}}\sin\theta + \dfrac{2}{\sqrt{3}}r(\theta) + r(\theta)$

$\quad = 1$

$\therefore r(\theta) = \dfrac{\sqrt{3}(1-\cos\theta) + \sin\theta}{2+\sqrt{3}}$

$\therefore \displaystyle\lim_{\theta\to 0+} \dfrac{r(\theta)}{\theta}$

$= \displaystyle\lim_{\theta\to 0+} \dfrac{1}{2+\sqrt{3}} \left\{ \dfrac{\sqrt{3}(1-\cos\theta)}{\theta} + \dfrac{\sin\theta}{\theta} \right\}$

$= \dfrac{1}{2+\sqrt{3}} = 2-\sqrt{3}$

즉, $a=2$, $b=-1$이므로

$a^2 + b^2 = 5$

30   정답 49

$f(x) = (x^3-a)e^x$에서 $f'(x) = (x^3+3x^2-a)e^x$이므로

가능한 극점의 개수는 1개 또는 3개 이다.

$\displaystyle\lim_{x\to-\infty} f(x) = 0$, $\displaystyle\lim_{x\to\infty} f(x) = \infty$이므로 그래프의 개형은 극점의 개수

에 따라 다음과 같다.

(i) 극점이 3개일 때

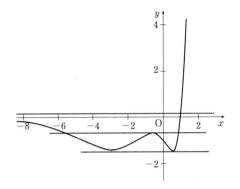

(ii) 극점이 1개일 때

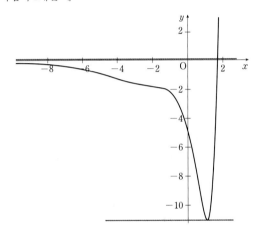

극점이 3개인 경우는 $g(t)$가 불연속인 점이 3곳이고

극점이 1개인 경우는 $g(t)$가 불연속인 점이 2곳이다.

따라서 주어진 조건을 만족하려면 극점이 1개일 때이다.

$f'(x)$에서 $h(x)=x^3+3x^2-a$의 값의 부호의 변화가 1번만 생길

때이다.

$h(x)$에 대하여 살펴보면

$h'(x)=3x^2+6x=3x(x+2)$

이므로 위의 조건을 만족하려면 $h(0)h(-2)\geq 0$이다.

즉, $h(0)h(-2)=a(a-4)\geq 0$에서 $a\leq 0$ 또는 $a\geq 4$

따라서 10이하의 자연수 a의 값의 합은

$$4+5+6+7+8+9+10=49$$

기하

23 정답 ③

점 G$(2, 1, -1)$이므로

$\overline{OG}=\sqrt{2^2+1^2+1^2}=\sqrt{6}$

24 정답 ③

$\overline{PF}=a$라 두면

$\overline{QF}=6, \overline{PQ}=(20-a)-8=12-a$이므로

직각삼각형 PQF $(\because \angle F'QF=90°)$에서 피타고라스 정리를 사용하면

$a^2=(12-a)^2+6^2$

$\therefore a=\dfrac{15}{2}$

25 정답 ⑤

점 A를 원점으로 하고 직선 AB를 x축으로 하는 좌표평면을 생각하면

$\overrightarrow{AC} \cdot \overrightarrow{AD}=\left(\dfrac{1}{2}, \dfrac{\sqrt{3}}{2}\right) \cdot \left(1+\dfrac{\sqrt{3}}{2}, \dfrac{1}{2}\right)$

$\qquad =\dfrac{1}{2}+\dfrac{\sqrt{3}}{4}+\dfrac{\sqrt{3}}{4}=\dfrac{1}{2}+\dfrac{\sqrt{3}}{2}=\dfrac{1+\sqrt{3}}{2}$

26 정답 ④

$\overline{AP}$와 y축과의 교점을 C, $\overline{BQ}$와 y축과의 교점을 D, 점 P에서 x축에 내린 수선의 발을 H, $\overline{AB}$와 x축과의 교점을 E라 두자.

이 때, $\overline{AC}=1, \overline{CP}=4, \overline{FH}=3$이고, △PFH에서 $\overline{PH}=4$이다.

따라서 두 점 P, Q를 지나는 직선의 방정식은 $y=\dfrac{4}{3}(x-1)$이므로 $4x=3y+4$이다.

이 식을 $y^2=4x$에 대입하면 $y^2=3y+4, y^2-3y-4=0$이므로

$y=4$ 또는 $y=-1$이다.

$y=-1$을 직선의 방정식에 대입해 Q의 x좌표를 구하면

$x=\dfrac{3}{4}$이므로 $\overline{BQ}=\dfrac{5}{4}$

$\therefore$ (사각형 ABQP의 넓이)

$=\dfrac{1}{2}(\overline{AP}+\overline{BQ})\times\overline{AB}=\dfrac{1}{2}(\overline{AP}+\overline{BQ})\times(\overline{AE}+\overline{BE})$

$=\dfrac{1}{2}\left(5+\dfrac{5}{4}\right)(4+1)=\dfrac{125}{8}$

27

$\overline{AB}$의 중점을 M, 점 O에서 평면 α에 내린 수선의 발을 H, β에 내린 수선의 발을 H′라 두면

$\overline{OM}=\dfrac{\sqrt{3}}{2}$ ($\because \overline{OA}=\overline{OB}=\overline{AB}=1$인 정삼각형)

$\overline{OH}=a$라 하면

$\overline{OH}=\overline{OH'}=\overline{HM}=a$이므로 직각삼각형 OHM은 직각이등변삼각형이다.

따라서 $\overline{OH}:\overline{HM}:\overline{OM}=1:1:\sqrt{2}$ 이므로

$\sqrt{2}\,a=\dfrac{\sqrt{3}}{2}$

$\therefore a=\dfrac{\sqrt{6}}{4}$

28

점 P가 선분 OM 위를 움직일 때, 점 R이 존재하는 영역은 다음 그림의 어두운 부분과 같다.

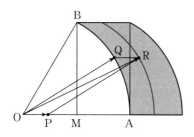

점 P가 선분 BM 위를 움직일 때, 점 R이 존재하는 영역은 다음 그림의 어두운 부분과 같다.

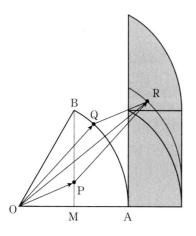

따라서 점 R이 나타내는 영역은 다음 그림과 같다.

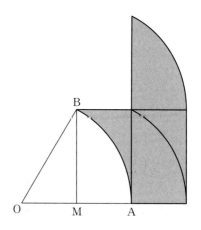

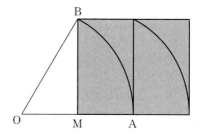

위 영역의 넓이는 가로의 길이가 2이고 세로의 길이가 $\sqrt{3}$ 인 직사각형의 넓이와 같다.

따라서 구하는 넓이는 $2\sqrt{3}$ 이다.

29

아래 그림과 같이 평면 β를 평행이동하여 $\overline{BD}$를 지나는 평면을 γ라고 하자.

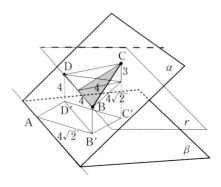

$\overline{BB'}=\overline{DD'}$이므로 $\overline{BD}=\overline{B'D'}=8$

삼각형 CDB는 이등변삼각형이므로 점 C에서 선분 BD에 내린 수선의 발을 M이라 하면 $\overline{BM}=4$

삼수선의 정리에 의해 $\overline{CM}\perp\overline{BD}$,

$\overline{CH}\perp\overline{MH}$이므로

$\overline{BD}\perp\overline{MH}$ ∴ $\overline{MH}=4$

이때 두 평면 α, β가 이루는 각의 크기는 두 평면 α, γ가 이루는

각의 크기와 같으므로

$\tan\theta=\dfrac{\overline{CH}}{\overline{MH}}=\dfrac{3}{4}$ ∴ $\overline{CH}=3$

따라서 삼각형 CBH에서

$\overline{BC}=\sqrt{32+9}=\sqrt{41}$

이므로 $k^2=41$

$\overrightarrow{AG}\cdot\overrightarrow{BE}=\left(-\dfrac{7}{9}\vec{a}+\dfrac{4}{9}\vec{c}\right)\cdot\left(\dfrac{1}{3}\vec{a}+\dfrac{2}{3}\vec{c}\right)$

$=\dfrac{1}{27}(-7\vec{a}+4\vec{c})\cdot(\vec{a}+2\vec{c})$

$=\dfrac{1}{27}\{-7|\vec{a}|^2+8|\vec{c}|^2-10(\vec{a}\cdot\vec{c})\}$

$=\dfrac{1}{27}\{-63+128-10(\vec{a}\cdot\vec{c})\}=0$

따라서 $\vec{a}\cdot\vec{c}=\dfrac{13}{2}$이므로

$\cos\theta=\dfrac{\vec{a}\cdot\vec{c}}{|\vec{a}||\vec{c}|}=\dfrac{\frac{13}{2}}{3\times4}=\dfrac{13}{24}=\dfrac{q}{p}$

∴ $p+q=37$

30 정답 37

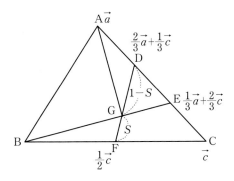

그림과 같이 $\overrightarrow{BA}=\vec{a}$, $\overrightarrow{BC}=\vec{c}$라 놓으면

$\overrightarrow{BD}=\dfrac{2}{3}\vec{a}+\dfrac{1}{3}\vec{c}$, $\overrightarrow{BE}=\dfrac{1}{3}\vec{a}+\dfrac{2}{3}\vec{c}$, $\overrightarrow{BF}=\dfrac{1}{2}\vec{c}$

이때 세 점 B, G, E는 일직선 위에 있으므로 실수

t에 대하여 $\overrightarrow{BG}=t\overrightarrow{BE}$가 성립한다. 즉,

$\overrightarrow{BG}=\dfrac{t}{3}\vec{a}+\dfrac{2t}{3}\vec{c}$ …… ㉠

또, 실수 s에 대하여

$\overrightarrow{BG}=\dfrac{s\overrightarrow{BD}+(1-s)\overrightarrow{BF}}{s+(1-s)}$

$=s\left(\dfrac{2}{3}\vec{a}+\dfrac{1}{3}\vec{c}\right)+(1-s)\left(\dfrac{1}{2}\vec{c}\right)$ …… ㉡

㉠=㉡이므로

$\dfrac{t}{3}\vec{a}+\dfrac{2t}{3}\vec{c}=s\left(\dfrac{2}{3}\vec{a}+\dfrac{1}{3}\vec{c}\right)+(1-s)\left(\dfrac{1}{2}\vec{c}\right)$

$\dfrac{t}{3}=\dfrac{2s}{3}$, $\dfrac{2t}{3}=\dfrac{s}{3}+\dfrac{1-s}{2}$,

$t=\dfrac{2}{3}$, $s=\dfrac{1}{3}$이므로 $\overrightarrow{BG}=\dfrac{2}{9}\vec{a}+\dfrac{4}{9}\vec{c}$

$\overrightarrow{AG}=\overrightarrow{BG}-\overrightarrow{BA}=-\dfrac{7}{9}\vec{a}+\dfrac{4}{9}\vec{c}$

제2회 사다리 실전모의고사 정답과 해설

제○교시		**수학 영역**			
공통 과목	수학1 수학2	01 ⑤	02 ⑤	03 ①	04 ⑤	05 ①
		06 ②	07 ④	08 ①	09 ③	10 ②
		11 ⑤	12 ④	13 ③	14 ⑤	15 ②
		16 15	17 28	18 8	19 90	20 50
		21 179	22 36			
선택 과목	확통	23 ②	24 ④	25 ③	26 ⑤	27 ④
		28 ①	29 16	30 259		
	미적	23 ②	24 ②	25 ③	26 ④	27 ②
		28 ③	29 9	30 16		
	기하	23 ⑤	24 ④	25 ②	26 ⑤	27 ③
		28 ⑤	29 450	30 40		

수학 1, 2

01 정답 ⑤

$$\int_{-2}^{2}(x+|x|+2)dx = \int_{-2}^{0}2dx + \int_{0}^{2}(2x+2)dx$$
$$= 12$$

02 정답 ⑤

양변에 2^x을 곱해 정리하면 $2^{2x}-10\times2^x+16=0$
즉, $(2^x-2)(2^x-8)=0$이므로 $x=1$ 또는 $x=3$
$\therefore 1+3=4$

03 정답 ①

$\lim\limits_{x\to-1+}f(x)=1$, $\lim\limits_{x\to0-}f(x)=0$이므로
$1+0=1$

04 정답 ⑤

$y=4^{x-a}-1+b=2^{2x-2a}-1+b=2^{2x-3}+3$
$a=\dfrac{3}{2}$, $b=4$
$\therefore ab=6$

05 정답 ①

$f(2)=\lim\limits_{x\to2}f(x)$이므로 $b=\lim\limits_{x\to2}\dfrac{\sqrt{x+7}-a}{x-2}$
분모가 0으로 수렴하므로 분자도 0으로 수렴한다.
따라서 $a=3$이고
$b=\lim\limits_{x\to2}\dfrac{\sqrt{x+7}-3}{x-2}=\lim\limits_{x\to2}\dfrac{x-2}{(x-2)(\sqrt{x+7}+3)}$
$=\lim\limits_{x\to2}\dfrac{1}{\sqrt{x+7}+3}=\dfrac{1}{6}$
$\therefore ab=\dfrac{1}{2}$

06 정답 ②

$a_1=a$, 공차를 d라고 하면
$S_5=\dfrac{5\{a+(a+4d)\}}{2}=5(a+2d)=a$이므로 정리하면
$2a+5d=0$
$S_{10}=\dfrac{10\{a+(a+9d)\}}{2}=5(2a+9d)=40$이므로
$2a+9d=8$
$\therefore d=2$, $a=-5$
$\therefore a_{10}=a+9d=-5+18=13$

07 정답 ④

$f'(x)=x(x-3)+x(x-a)+(x-3)(x-a)$
$f'(0)=3a$
$f'(3)=3(3-a)$
$f'(0)\times f'(3)=3a\times3(3-a)=-1$
정리하면 $9a^2-27a-1=0$
따라서 근과 계수의 관계에서 a값의 합은 $\dfrac{27}{9}=3$

08 정답 ①

$a>0$이고 $-1\leq\sin bx\leq1$이므로 최대, 최소에서
$a+c=4$, $-a+c=-2$
$\therefore a=3$, $c=1$
주기가 π이므로 $b=2$이다.
$\therefore abc=6$

09 정답 ③

$x^4-4x^3-2x^2+12x\geq a$ 에서
$f(x)=x^4-4x^3-2x^2+12x$라 두면
$f'(x)=4(x+1)(x-1)(x-3)$

즉 $x=-1$, $x=3$에서 극솟값을 가진다.

$f(-1)=f(3)=-9$이므로 $f(x)$의 최솟값은 -9

$\therefore -9 \geq a$

10 정답 ②

$S_1=S_2$이고 두 곡선의 교점의 x좌표는 2이므로

$$S_1+S_2=2\int_0^2 \{(x-4)^2-x^2\}dx=2\int_0^2 (16-8x)dx=2\Big[16x-4x^2\Big]_0^2$$
$$=32$$

11 정답 ⑤

$$\tan 2x \sin 2x = \frac{\sin^2 2x}{\cos 2x} = \frac{1-\cos^2 2x}{\cos 2x} = \frac{3}{2}$$
$$2\cos^2 2x + 3\cos 2x - 2 = 0$$
$$(2\cos 2x - 1)(\cos 2x + 2) = 0$$
$$\cos 2x = \frac{1}{2}$$

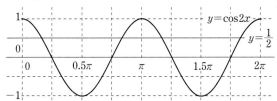

$x=\pi$에 대하여 서로 대칭인 두 쌍의 실근이므로 모든 해의 합은 4π이다.

12 정답 ④

$$n(x^3-3x^2)+k=0$$
$$x^3-3x^2=-\frac{k}{n}$$

$y=x^3-3x^2$의 그래프는 그림과 같다.

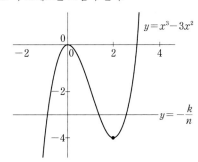

따라서 $-4 < -\dfrac{k}{n} < 0$

$0 < k < 4n$, $a_n = 4n-1$

$$\therefore \sum_{n=1}^{10} a_n = \sum_{n=1}^{10}(4n-1) = 4 \times 55 - 10 = 210$$

13 정답 ③

$$a_{n+1}-2\sum_{k=1}^{n}\frac{a_k}{k}=2^{n+1}(n^2+n+2) \quad (n\geq 1) \quad \cdots\cdots \text{㉠}$$

㉠의 n대신 $n-1$을 대입하면

$$a_n-2\sum_{k=1}^{n-1}\frac{a_k}{k}=2^n(n^2-n+2) \quad \cdots\cdots \text{㉡}$$

이다.

㉠$-$㉡에 의하여

$$a_{n+1}-a_n-\frac{2}{n}a_n=\boxed{2^n(n^2+3n+2)} \quad (n\geq 2)$$

이므로 $a_{n+1}-\dfrac{n+2}{n}a_n=2^n(n+1)(n+2)$

즉, $\dfrac{a_{n+1}}{(n+1)(n+2)}-\dfrac{a_n}{n(n+1)}=2^n$이다.

$b_n=\dfrac{a_n}{n(n+1)}$이라 하면

$$b_{n+1}-b_n=\boxed{2^n} \quad (n\geq 2)$$

㉠의 양변에 $n=1$을 대입하면 $a_2-2a_1=16$이고, $a_1=-8$이므로

$$a_2=2a_1+16=-16+16=0$$

따라서 $b_2=0$이므로

$$b_n=b_2+\sum_{k=2}^{n-1}(b_{k+1}-b_k)=\sum_{k=2}^{n-1}2^k=\frac{4(2^{n-2}-1)}{2-1}=\boxed{2^n-4}$$

이다.

$\therefore f(n)=2^n(n^2+3n+2)$, $g(n)=2^n$, $h(n)=2^n-4$

$$\therefore \frac{f(4)}{g(5)}+h(6)=\frac{2^4 \cdot 30}{2^5}+(2^6-4)=75$$

14 정답 ⑤

점 A의 x좌표를 a라 하면 A의 좌표는 $(a, 2^{a-1}+1)$

점 A와 B는 직선 $y=x$에 대하여 대칭이므로

점 B의 좌표는 $(2^{a-1}+1, a)$

점 B가 곡선 $y=\log_2(x+1)$ 위의 점이므로

$$a=\log_2(2^{a-1}+2)$$
$$2^a=2^{a-1}+2$$
$$2^{a-1}=2$$
$$\therefore a=2$$

점 A의 y좌표는 $2^{2-1}+1=3$

직선 AC가 x축과 평행하므로 점 C의 y좌표는 3이다.

$\log_2(x+1)=3$에서 $x=2^3-1=7$

따라서 A(2, 3), B(3, 2), C(7, 3)이므로

$$p=\frac{2+3+7}{3}=4, \quad q=\frac{3+2+3}{3}=\frac{8}{3}$$

$$\therefore p+q=\frac{20}{3}$$

15 <small>정답 ②</small>

원 C_n의 중심을 (x_n, y_n)이라 하면

$x_1=1$

$x_2=x_3=1-(1+2)$

$x_4=x_5=1-(1+2)+(3+4)$

$x_6=x_7=1-(1+2)+(3+4)-(5+6)$

$x_8=x_9=1-(1+2)+(3+4)-(5+6)+(7+8)$

$\quad\quad\vdots$

정수 m에 대하여

$-\{(4m-3)+(4m-2)\}+\{(4m-1)+4m\}=4$이다.

$\therefore\ x_{4k}=1+4k$

$y_1=y_2=1$

$y_3=y_4=1-(2+3)$

$y_5=y_6=1-(2+3)+(4+5)$

$y_7=y_8=1-(2+3)+(4+5)-(6+7)$

$\quad\quad\vdots$

정수 m에 대하여

$\{(4m-4)+(4m-3)\}-\{(4m-2)+(4m-1)\}=-4$이다.

$\therefore\ y_{4k}=-4k\ (\because\ 1=0+1)$

$\therefore\ (x_{4k}, y_{4k})=(1+4k, -4k)$

원 C_{40}는 중심이 $(41, -40)$이고 반지름이 40인 원이므로 원의 내부는 모두 제4사분면에 포함된다.

따라서 원 C_n의 중심이 원 C_{40}의 내부에 있으려면 원 C_n의 중심은 제4사분면에 있어야 한다.

즉, $n=4k(k$는 자연수$)$이어야 한다.

이때, 원 C_n의 중심과 원 C_{40}의 중심과의 거리는 원 C_{40}의 반지름 40보다 작다.

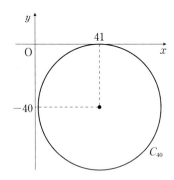

따라서 구하는 원의 개수는

점 $(1+4k, -4k)$과 점 $(41, -40)$의 거리가 40보다 작도록 하는 자연수 k의 개수이다.

$\sqrt{(4k-40)^2+(-4k+40)^2}<40$에서

$(k-10)^2<50$

$10-\sqrt{50}<k<10+\sqrt{50}$

$7<\sqrt{50}<8$이므로

위 부등식을 만족시키는 k는 3, 4, $\cdots$, 17이다.

따라서 구하는 원의 개수는 15이다.

16 <small>정답 15</small>

$$\sqrt{3\sqrt[4]{27}}=\left(3\times 27^{\frac{1}{4}}\right)^{\frac{1}{2}}=\left(3^{\frac{7}{4}}\right)^{\frac{1}{2}}=3^{\frac{7}{8}}$$

$\therefore\ p+q=7+8=15$

17 <small>정답 28</small>

함수 $f(x)$가 다항함수이고, $\displaystyle\lim_{x\to 2}\dfrac{f(x)-3}{x-2}=4$이므로

$f(2)=\displaystyle\lim_{x\to 2}f(x)=3$이고 $f'(2)=4$이다.

$g(x)=x^2f(x)$이므로

$g'(x)=2xf(x)+x^2f'(x)$

$\therefore\ g'(2)=2\times 2f(2)+2^2f'(2)=4\times 3+4\times 4=28$

18 <small>정답 8</small>

$a_k=(2k+1)^2a_k-4k(k+1)a_k$이므로

$$\sum_{k=1}^{10}a_k=\sum_{k=1}^{10}(2k+1)^2a_k-4\sum_{k=1}^{10}k(k+1)a_k$$
$$=100-4\times 23=8$$

19 <small>정답 90</small>

t초 후 두 점의 위치는 각각 $\dfrac{1}{3}t^3+\dfrac{1}{2}t^2$, $\dfrac{5}{2}t^2$이고

위치가 같으므로 $\dfrac{1}{3}t^3+\dfrac{1}{2}t^2=\dfrac{5}{2}t^2$

즉, $t=6$이다.

$t>0$일 때 $f(t)$, $g(t)>0$이므로, 점의 위치가 곧 움직인 거리이다.

$\therefore\ \dfrac{5}{2}\times 6^2=90$

20 정답 50

등식을 만족시키는 다항식 $f(x)$는 일차식이다.

$f(x) = cx + d$라 하면

$$\int_1^x (2x-1)f(t)dt = x^3 + ax + b$$

미분하면

$$2\int_1^x f(t)\,dt + (2x-1)\,f(x) = 3x^2 + a$$

또 미분하면

$$2f(x) + 2f(x) + (2x-1)f'(x) = 6x$$

$$4f(x) + (2x-1)f'(x) = 6x$$

$$4cx + 4d + c(2x-1) = 6x, \quad 6cx + 4d - c = 6x$$

즉, $c = 1$, $d = \dfrac{1}{4}$이므로 $f(x) = x + \dfrac{1}{4}$

$$\therefore \ 40 \times f(1) = 40 \times \frac{5}{4} = 50$$

21 정답 179

$\triangle ADE$의 외접원의 반지름을 R이라 할 때

$\overline{DE} = 2R\sin A$이므로, 선분 DE가 최소이려면 외접원의 반지름 R이 최소가 되어야 한다.

그림과 같이 수선 AH가 원의 지름일 때, 외접원의 반지름 R은 최소가 된다.

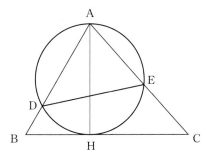

코사인법칙에서

$$\cos A = \frac{25 + 36 - 49}{2 \times 5 \times 6} = \frac{1}{5},$$

$$\sin A = \frac{\sqrt{24}}{5}$$

삼각형의 넓이에서

$$\frac{1}{2} \times 5 \times 6 \times \sin A = \frac{1}{2} \times 7 \times \overline{AH} \quad \therefore \ \overline{AH} = \frac{6\sqrt{24}}{7}$$

사인법칙에서

$$\overline{DE} = \overline{AH} \times \sin A = \frac{144}{35}$$

즉, $p = 144$, $q = 35$이므로 $p + q = 179$

22 정답 36

$y = f(x)$의 그래프는 원점에 대하여 대칭이고 그림과 같다.

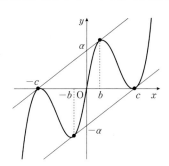

$x \geq 0$일 때,

$f'(x) = 3x^2 - 4ax + a^2 = 4$인 점을 $x = b$, $c\,(b < c)$라 하면

근과 계수의 관계에 의해 $b + c = \dfrac{4a}{3}$, $bc = \dfrac{a^2 - 4}{3}$.

한편 두 점 $(-b, f(-b))$, $(c, f(c))$를 지나는 직선의 기울기가 4이므로

$$\frac{f(c) - f(-b)}{c - (-b)} = \frac{c(c-a)^2 + b(-b+a)^2}{c+b} = 4$$

이것을 정리하면

$$c^3 + b^3 - 2a(c^2 + b^2) + a^2(c+b) = 4(c+b) \cdots\cdots \text{㉠}$$

$$c^2 + b^2 = (c+b)^2 - 2bc = \frac{10}{9}a^2 + \frac{8}{3}$$

$$c^3 + b^3 = (c+b)^3 - 3bc(b+c) = \frac{28}{27}a^3 + \frac{16}{3}a$$

위의 두 식을 ㉠에 대입하면,

$$\left(\frac{28}{27}a^3 + \frac{16}{3}a\right) - 2a\left(\frac{10}{9}a^2 + \frac{8}{3}\right) + \frac{4}{3}a^3 = \frac{16}{3}a, \quad a^2 = 36$$

따라서 $x \geq 0$일 때 $f'(x) = 3x^2 - 4ax + a^2$이므로

$$f'(0) = a^2 = 36$$

확률과 통계

23 　　정답 ②

$P(A \cap B) = P(A)P(B|A)$,

$P(A \cup B) = P(A) + P(B) - P(A \cap B)$

$\dfrac{4}{5} = \dfrac{1}{2} + \dfrac{2}{5} - \dfrac{1}{2}P(B|A)$

$\therefore P(B|A) = \dfrac{1}{5}$

24 　　정답 ④

$a + b = 1 - \dfrac{1}{3} - \dfrac{1}{4} = \dfrac{5}{12}$,

$E(X) = \dfrac{1}{3}b + \dfrac{2}{4} + 3b = \dfrac{11}{6}$ 이므로 $b = \dfrac{1}{3}$, $a = \dfrac{1}{12}$

$\therefore \dfrac{b}{a} = 4$

25 　　정답 ③

5개의 자리의 숫자를 1, 2, 3, a, b 라고 두면 모든 자리의 수의 합이 10이므로, $a + b = 4$이다.

가능한 (a, b)는 $(0, 4)$, $(1, 3)$, $(2, 2)$ 이다.

(i) (a, b)가 $(0, 4)$일 때, 자연수의 개수는 1, 2, 3, 0, 4를 배열한 경우의 수와 같으므로, $4 \times 4! = 96$

(ii) (a, b)가 $(1, 3)$일 때, 자연수의 개수는 1, 2, 3, 1, 3 를 배열한 경우의 수와 같으므로,

$\dfrac{5!}{2!2!} = 30$

(iii) (a, b)가 $(2, 2)$일 때, 자연수의 개수는 1, 2, 3, 2, 2를 배열한 경우의 수와 같으므로

$\dfrac{5!}{3!} = 20$

$\therefore 96 + 30 + 20 = 146$

26 　　정답 ⑤

주어진 식의 각 항의 x^{22} 계수를 살펴보면 아래와 같다.

$(x+1)^{24}$에서 x^{22}항의 계수는 $_{24}C_{22} = {}_{24}C_2$

$x(x+1)^{23}$에서 x^{22}항의 계수는 $_{23}C_{21} = {}_{23}C_2$

$x^2(x+1)^{22}$에서 x^{22}항의 계수는 $_{22}C_0 = {}_{22}C_2$

$x^{22}(x+1)^2$에서 x^{22}항의 계수는 $_2C_0 = {}_2C_2$이므로,

따라서 구하는 계수는 $_2C_2 + {}_3C_2 + {}_4C_2 + \cdots + {}_{24}C_2$이다.

이 때, $_nC_r = {}_{n-1}C_r + {}_{n-1}C_{r-1}$이 성립하므로 구하는 계수

$\begin{aligned}
_2C_2 + {}_3C_2 + {}_4C_2 + \cdots + {}_{24}C_2 &= {}_3C_3 + {}_3C_2 + {}_4C_2 + \cdots + {}_{24}C_2 \\
&\quad = {}_4C_3 + {}_4C_2 + {}_5C_2 + \cdots + {}_{24}C_2 \\
&= {}_5C_3 + {}_5C_2 + {}_6C_2 + \cdots + {}_{24}C_2 \\
&\quad \vdots \\
&= {}_{24}C_3 + {}_{24}C_2 \\
&= {}_{25}C_3
\end{aligned}$

이다.

즉, $_{25}C_3 = \dfrac{(25 \cdot 24 \cdot 23)}{(3 \cdot 2)} = 2300$

[다른 풀이]

주어진 다항식은 첫 항이 $(1+x)^{24}$이고 공비가 $\dfrac{x}{1+x}$ 인 등비수열의 첫째항부터 제 23항까지의 합으로 볼 수 있으므로

$\dfrac{(1+x)^{24} \left\{ 1 - \left(\dfrac{x}{1+x} \right)^{23} \right\}}{1 - \dfrac{x}{1+x}} = (1+x)^{25} - (1+x)x^{23}$이다.

$(1+x)x^{23}$는 x^{22} 항이 등장하지 않으므로, 구하는 x^{22}의 계수는 $(1+x)^{25}$의 x^{22}의 계수와 같다.

따라서,

$_{25}C_3 = \dfrac{25 \cdot 24 \cdot 23}{3 \cdot 2} = 2300$

27 　　정답 ④

(i) 첫 번째 꺼낸 공이 흰 공 또는 파란 공이었을 때, 두 번째 꺼낸 공이 검은 공일 확률은

$\dfrac{_3C_1}{_6C_1} \times \dfrac{_3C_1}{_7C_1} = \dfrac{3}{14}$

(ii) 첫 번째 꺼낸 공이 검은 공이었을 때, 두 번째 꺼낸 공도 검은 공일 확률은

$\dfrac{_3C_1}{_6C_1} \times \dfrac{_4C_1}{_7C_1} = \dfrac{2}{7}$

(i), (ii)에서 구하는 확률은

$\dfrac{\dfrac{2}{7}}{\dfrac{3}{14} + \dfrac{2}{7}} = \dfrac{4}{7}$

28

정답 ①

$15=5\times3$이므로

5와 3의 배수 3, 6, 9 중 적어도 한 개가 뽑혀야 한다.

그리고 합이 홀수이므로 5 이외의 3개의 합은 짝수이다.

이제 5와 다른 합이 짝수인 경우의 수를 구하고 이중에서 3의 배수가 뽑히지 않은 경우를 제외하여 원하는 경우의 수를 구할 수 있다.

ㄱ) 5를 제외한 홀수 1, 3, 7, 9 / 짝수 2, 4, 6, 8에서

각각 2개, 1개인 경우 …… $_4C_2\times_4C_1=24$

각각 0개, 3개인 경우 …… $_4C_3=4$

ㄴ) 3의 배수가 뽑히지 않은 경우는

홀수 1, 7 / 짝수 2, 4, 8에서

각각 2개, 1개인 경우 …… $_2C_2\times_3C_1=3$

각각 0개, 3개인 경우 …… 1

따라서 조건을 만족하는 경우의 수는

$(24+4)-(3+1)=24$

이므로 구하는 확률은 $\dfrac{24}{_9C_4}=\dfrac{24}{126}=\dfrac{4}{21}$

29

정답 16

A도시에서 B도시로 운행하는 고속버스의 소요시간을 확률변수 X라 두면 X는 정규분포 $N(m, 10^2)$을 따른다.

이 때, 크기가 n인 표본을 임의추출하여 구한 표본평균 $\overline{X}$는

정규분포 $N\left(m, \left(\dfrac{10}{\sqrt{n}}\right)^2\right)$을 따른다.

$P(m-5\leq X\leq m+5)$

$=P(-5\leq \overline{X}-m\leq 5)$

$=P\left(\dfrac{-5}{\frac{10}{\sqrt{n}}}\leq \dfrac{\overline{X}-m}{\frac{10}{\sqrt{n}}}\leq \dfrac{5}{\frac{10}{\sqrt{n}}}\right)$

$=P\left(-\dfrac{\sqrt{n}}{2}\leq Z\leq \dfrac{\sqrt{n}}{2}\right)=2P\left(0\leq Z\leq \dfrac{\sqrt{n}}{2}\right)$

$=0.9544$

이때 $P\left(0\leq Z\leq \dfrac{\sqrt{n}}{2}\right)=0.4772=P(0\leq Z\leq 2)$이므로

$\dfrac{\sqrt{n}}{2}=2 \quad \therefore n=16$

30

정답 259

다음과 같은 경우로 나눌 수 있다.

① $a_1>a_2$, $a_2<a_3<a_4<a_5<a_6$

a_1을 2, 3, 4, 5, 6 중에서 하나 정하면 된다.

따라서 5가지

② $a_1<a_2$, $a_2>a_3$, $a_3<a_4<a_5<a_6$

a_1와 a_3는 a_2보다 작으므로 가능한 a_2는

3, 4, 5, 6이고 그 각각에 대하여

a_2보다 작은 a_1을 정하기만 하면 되는데, 각각

2, 3, 4, 5 가지이므로

모두 14가지

③ $a_1<a_2<a_3$, $a_3>a_4$, $a_4<a_5<a_6$

a_3보다 작은 것이 a_1, a_2, a_4이므로 가능한 a_3는

4, 5, 6이고

그 각각에 대하여 $a_1<a_2$를 정하기만 하면 된다.

따라서 $_3C_2+_4C_2+_5C_2=19$가지

④ $a_4>a_5$인 경우는 ②를 반대로 대칭배열한다.

따라서 14가지

⑤ $a_5>a_6$인 경우도 ①을 반대로 대칭배열한다.

따라서 5가지

전체 경우의 수는 6!이므로 구하는 확률은

$\dfrac{5+14+19+14+5}{6!}=\dfrac{19}{240}$

$\therefore 19+240=259$

미적분

23

정답 ②

$$\lim_{n \to \infty} \frac{3 \times 4^n + 3^n}{4^{n+1} - 2 \times 3^n} = \lim_{n \to \infty} \frac{3 + \left(\frac{3}{4}\right)^n}{4 - 2\left(\frac{3}{4}\right)^n} = \frac{3}{4}$$

24

정답 ②

$0 < \alpha < \beta < \frac{\pi}{2}$이므로

$0 < \alpha + \beta < \pi$, $0 < \beta - \alpha < \frac{\pi}{2}$이다.

$\cos(\alpha + \beta) = \cos\alpha\cos\beta - \sin\alpha\sin\beta = -\frac{1}{2}$이고

$\cos(\beta - \alpha) = \cos\alpha\cos\beta + \sin\alpha\sin\beta = \frac{\sqrt{3}}{2}$이므로

$\alpha + \beta = \frac{2}{3}\pi$, $\beta - \alpha = \frac{\pi}{6}$

$\therefore \alpha = \frac{\pi}{4}, \beta = \frac{5}{12}\pi$

$\therefore \cos(3\alpha + \beta) = \cos\frac{7}{6}\pi = -\cos\frac{\pi}{6} = -\frac{\sqrt{3}}{2}$

25

정답 ③

$\vec{v} = (-\sin t, 3\cos t)$이므로 $t = \frac{\pi}{6}$에서 $\vec{v} = \left(-\frac{1}{2}, \frac{3\sqrt{3}}{2}\right)$

$\therefore |\vec{v}| = \sqrt{\frac{1}{4} + \frac{27}{4}} = \sqrt{7}$

26

정답 ④

단면의 넓이는 $S(t) = t(2 + \ln t)$ 이므로 부피 V는

$V = \int_{\frac{1}{e}}^{1} t(2 + \ln t) dt$

$= \left[\frac{1}{2}t^2(2 + \ln t)\right]_{\frac{1}{e}}^{1} - \int_{\frac{1}{e}}^{1} \frac{1}{2}t \, dt = 1 - \frac{1}{2e^2} - \left[\frac{1}{4}t^2\right]_{\frac{1}{e}}^{1}$

$= 1 - \frac{1}{2e^2} - \frac{1}{4} + \frac{1}{4e^2} = \frac{3}{4} - \frac{1}{4e^2}$

27

정답 ②

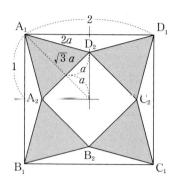

그림에서 정삼각형의 한 변의 길이를 $2a$라 하면

$\sqrt{3}a + a = \sqrt{2}$

$2a = \sqrt{2}(\sqrt{3} - 1)$

$a^2 = 2 - \sqrt{3}$

정삼각형의 넓이는 $\frac{\sqrt{3}}{4}(2a)^2 = \sqrt{3}a^2$

$S_1 = 4\sqrt{3}a^2 = 8\sqrt{3} - 12$

따라서 축소되는 닮음비는 a이므로 공비는 $a^2 = 2 - \sqrt{3}$

$\therefore \lim_{n \to \infty} S_n = \frac{4\sqrt{3}a^2}{1 - a^2} = \frac{8\sqrt{3} - 12}{\sqrt{3} - 1} = 6 - 2\sqrt{3}$

28

정답 ③

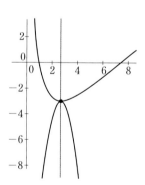

$-ax^2 + 6ex + b$는 $x = \frac{3e}{a}$에서

$a(\ln x)^2 - 6\ln x$는 $\ln x = \frac{3}{a}$에서

증감이 변한다. $f(x)$는 단조증가함수이므로 $e^{\frac{3}{a}} \le c \le \frac{3}{a}e$

그런데 $y = e^x$과 $y = ex$의 그래프는 그림과 같이 $e^x \ge ex$이고

등호는 $x = 1$일 때 성립한다.

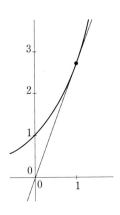

그러므로 $\dfrac{3}{a}=1$, $c=e$ 이다.

$$f(x)=\begin{cases} -3x^2+6ex+b & (x<e) \\ 3(\ln x)^2-6\ln x & (x\geq e) \end{cases}$$

$f(x)$는 연속이므로

$-3e^2+6e^2+b=3-6$, $b=-3-3e^2$

$\therefore f\left(\dfrac{1}{2e}\right)=-3\left(\dfrac{1}{4e^2}\right)+\dfrac{6e}{2e}-3-3e^2$

$\qquad\qquad\quad =-3\left(e^2+\dfrac{1}{4e^2}\right)$

---

29 정답 9

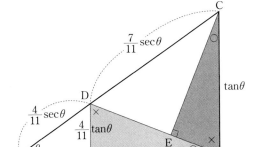

그림에서 삼각형 BCE, BDM은 닮음이고,

$\overline{BC}=\tan\theta$, $\overline{BD}=\dfrac{1}{11}\sqrt{49+16\tan^2\theta}$

$S(\theta)=\dfrac{1}{2}\times\dfrac{7}{11}\times\dfrac{4}{11}\tan\theta\times\left(\dfrac{11^2\tan^2\theta}{49+16\tan^2\theta}\right)$

$\qquad =\dfrac{14\tan^3\theta}{49+16\tan^2\theta}$

$\displaystyle\lim_{\theta\to0+}\dfrac{S(\theta)}{\theta^3}=\dfrac{14}{49+0}=\dfrac{2}{7}$

$\therefore 2+7=9$

---

30 정답 16

$g(x)=\displaystyle\int_0^x \dfrac{f(t)}{|t|+1}dt$에서 $g(0)=0$이고 $g'(x)=\dfrac{f(x)}{|x|+1}$ 이다.

(가)에서 $g'(2)=0$이므로 $f(2)=0$

(나)에서 모든 실수 x에 대하여 $g(x)\geq0$이려면 정적분의 정의에 의하여 $|t|+1>0$이므로 $x<0$이면 $f(t)<0$이고, $x\geq0$이면 $f(t)>0$이어야 한다.

즉, $f(0)=0$이다.

이때 함수 $f(x)$는 삼차함수이므로 양수 c에 대하여

$f(x)=x(x-2)(x-c)$로 놓을 수 있고,

(나)를 만족하려면 $0<c<2$이어야 한다.

또 $g'(-1)=\dfrac{f(-1)}{2}=\dfrac{-3(1+c)}{2}$가 최대이면

$-3(1+c)$의 값이 최대이다. 한편

$g(2)=\displaystyle\int_0^2 \dfrac{x(x-c)(x-2)}{x+1}dx$

$\quad =\displaystyle\int_0^2\left\{x^2-(3+c)x+3(c+1)-\dfrac{3(1+c)}{x+1}\right\}dx$

$\quad =\left[\dfrac{1}{3}x^3-\dfrac{(c+3)}{2}x^2+3(c+1)x-3(c+1)\ln(x+1)\right]_0^2$

$\quad =\dfrac{8}{3}-2(c+3)+6c+6-3(c+1)\ln3$

$\quad =(c+1)(4-3\ln3)-\dfrac{4}{3}\geq0$

따라서 $3(c+1)\geq\dfrac{4}{4-3\ln3}$ 이므로

$-3(c+1)\leq\dfrac{-4}{4-3\ln3}$

즉, $f(-1)=-3(c+1)\leq\dfrac{-4}{4-3\ln3}$ 이므로

$m=4$, $n=-4$

$\therefore |m\times n|=16$

기하

23   정답 ⑤

$|\vec{a}+\vec{b}|^2=7^2$

$|\vec{a}|^2+2\vec{a}\cdot\vec{b}+|\vec{b}|^2=49,\ 2\vec{a}\cdot\vec{b}=15$

(준식)$=(2\vec{a}+3\vec{b})\cdot(2\vec{a}-\vec{b})$

$\qquad =4|\vec{a}|^2+4\vec{a}\cdot\vec{b}-3|\vec{b}|^2$

$\qquad =36+30-75=-9$

24   정답 ④

$F(1, 0)$이고, 점 P에서 준선에 내린 수선의 발을 H라 하면

$\overline{PF}=\overline{PH}$, 즉 $k=1+a$

$P(a, 6)$은 $36=4a,\ a=9,\ k=10$

$\therefore\ a+k=9+10=19$

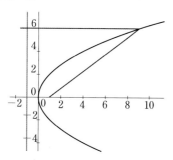

25   정답 ②

점 A가 점 C에 대응되도록 $\overrightarrow{OA}$를 평행이동시켰을 때, 점 O의 대응점을 점 O′라고 하면

$|\overrightarrow{OA}+\overrightarrow{OB}-\overrightarrow{OC}|=|\overrightarrow{OA}+\overrightarrow{CB}|=|\overrightarrow{O'C}+\overrightarrow{CB}|$

$\qquad =|\overrightarrow{O'B}|$

$\qquad =\sqrt{2^2+2^2}=2\sqrt{2}$

26   정답 ⑤

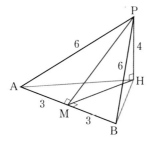

삼수선의 정리와 피타고라스 정리에 의해

$\overline{PM}=3\sqrt{3},\ \overline{HM}=\sqrt{11}$

$\therefore\ \dfrac{1}{2}\times6\times\sqrt{11}=3\sqrt{11}$

27   정답 ③

쌍곡선 $\dfrac{x^2}{a^2}-\dfrac{y^2}{b^2}=1$ 위의 점 (x_1, y_1)에서의 접선의 방정식은

$\dfrac{x_1 x}{a^2}-\dfrac{y_1 y}{b^2}=1$ …… ㉠

점근선의 방정식은 $y=\pm\dfrac{b}{a}x$ …… ㉡

㉡을 제곱하여 정리하면 $a^2 y^2=b^2 x^2$ …… ㉢

㉠에서 $y=\dfrac{(x_1 x-a^2)b^2}{a^2 y_1}$이고 이것을 ㉢에 대입하면

$\dfrac{(x_1 x-a^2)^2 b^4}{a^2 y_1^2}=b^2 x^2$

즉, $(b^2 x_1^2-a^2 y_1^2)x^2-2a^2 b^2 x_1 x+a^4 b^2=0$ …… ㉣

그런데 (x_1, y_1)은 쌍곡선 $\dfrac{x^2}{a^2}-\dfrac{y^2}{b^2}=1$위의 점이므로

$\dfrac{x_1^2}{a^2}-\dfrac{y_1^2}{b^2}=1$에서 $x_1^2 b^2-y_1^2 a^2=a^2 b^2$이므로

㉣은 $x^2-2x_1 x+a^2=0$

근과 계수와의 관계에서 위 방정식의 두 근의 합은 $2x_1$으로 일정하다.

따라서 쌍곡선 $\dfrac{x^2}{a^2}-\dfrac{y^2}{b^2}=1$위의 점 $P(x_1, y_1)$에서 그은 접선이 두 점근선과 점 Q, R에서 만날 때, 선분 QR의 중점은 점 P가 된다. 즉, $\overline{QR}=2\overline{PQ}$

$\therefore\ k=2$

28   정답 ⑤

점 M의 좌표를 구하면

$(1, \sqrt{3})+\left(\dfrac{1}{2}(\sin\theta+\cos\theta),\ \dfrac{\sqrt{3}}{2}(\sin\theta-\cos\theta)\right)$

$X=\dfrac{1}{2}(\sin\theta+\cos\theta),\ Y=\dfrac{\sqrt{3}}{2}(\sin\theta-\cos\theta)$라 하면

$3X^2+Y^2=\dfrac{3}{4}(2\sin^2\theta+2\cos^2\theta)=\dfrac{3}{2}$

즉, $\dfrac{X^2}{\frac{1}{2}}+\dfrac{Y^2}{\frac{3}{2}}=1$ …… ㉠

따라서 점 (X, Y)는 타원 위에 존재한다.

ㄱ. 중점 M은 ㉠을 x축 방향으로 1만큼, y축 방향으로 $\sqrt{3}$만큼 평행이동시킨 것이므로 중점 M이 그리는 도형은 타원이다. (참)

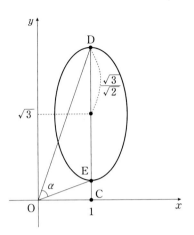

ㄴ. ㄱ에서 점 C(1, 0)은 장축의 연장선 위에 존재하므로 점 D와
점 E는 타원의 장축의 양 끝점이다.

이때 $\overline{CD}=\sqrt{3}+\sqrt{\dfrac{3}{2}}$, $\overline{CE}=\sqrt{3}-\sqrt{\dfrac{3}{2}}$ 이므로

$\overline{CD}+\overline{CE}=2\sqrt{3}$ (참)

ㄷ. $\angle DOC=\theta_1$, $\angle EOC=\theta_2$라 하면 $\overline{OC}=1$이므로

$\tan\theta_1=\overline{CD}=\sqrt{3}+\sqrt{\dfrac{3}{2}}$

$\tan\theta_2=\overline{CE}=\sqrt{3}-\sqrt{\dfrac{3}{2}}$

$\alpha=\theta_1-\theta_2$이므로

$\tan\alpha=\tan(\theta_1-\theta_2)=\dfrac{\tan\theta_1-\tan\theta_2}{1+\tan\theta_1\tan\theta_2}$

$=\dfrac{2\sqrt{\dfrac{3}{2}}}{1+\left(3-\dfrac{3}{2}\right)}=\dfrac{2}{5}\sqrt{6}$ (참)

29 정답 450

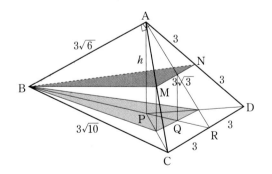

그림에서 $\overline{BR}=9$, $\overline{BP}=a$, $\overline{PR}=9-a$라 하면

$h^2=(3\sqrt{6})^2-a^2=(3\sqrt{3})^2-(9-a)^2$

따라서 $a=6$, $\overline{PR}=3$이므로

$S=\dfrac{1}{2}\times3\times\left(6+\dfrac{3}{2}\right)=\dfrac{45}{4}$

$\therefore 40S=450$

30 정답 40

원의 중심을 O라 하면

$\overrightarrow{AP}=\overrightarrow{AO}+\overrightarrow{OP}$이므로

$\overrightarrow{AP}\cdot\overrightarrow{AQ}=(\overrightarrow{AO}+\overrightarrow{OP})\cdot\overrightarrow{AQ}=\overrightarrow{AO}\cdot\overrightarrow{AQ}+\overrightarrow{OP}\cdot\overrightarrow{AQ}$

여기서 $\overrightarrow{AO}\cdot\overrightarrow{AC}\leq\overrightarrow{AO}\cdot\overrightarrow{AQ}\leq\overrightarrow{AO}\cdot\overrightarrow{AB}$

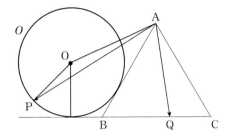

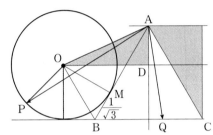

그림에서 $\overline{BM}=\dfrac{1}{\sqrt{3}}$, $\overline{OD}=\dfrac{\sqrt{3}+1}{\sqrt{3}}$,

$\overline{AD}=\sqrt{3}-1$이므로

$\overrightarrow{AO}=\left(-\dfrac{\sqrt{3}+1}{\sqrt{3}}, 1-\sqrt{3}\right)$

$\overrightarrow{AB}=(-1, -\sqrt{3})$, $\overrightarrow{AC}=(1, -\sqrt{3})$

$\overrightarrow{AO}\cdot\overrightarrow{AC}=2-\dfrac{4}{3}\sqrt{3}$,

$\overrightarrow{AO}\cdot\overrightarrow{AB}=4-\dfrac{2}{3}\sqrt{3}$

또, $\overrightarrow{OP}\cdot\overrightarrow{AQ}=|\overrightarrow{AQ}|\cos\theta$이므로

$-2\leq\overrightarrow{OP}\cdot\overrightarrow{AQ}\leq2$

따라서 최댓값은 $\left(4-\dfrac{2}{3}\sqrt{3}\right)+2=6-\dfrac{2}{3}\sqrt{3}$

최솟값은 $\left(2-\dfrac{4}{3}\sqrt{3}\right)-2=-\dfrac{4}{3}\sqrt{3}$

이므로 최댓값과 최솟값의 합은 $a+b\sqrt{3}=6-2\sqrt{3}$

$\therefore a^2+b^2=36+4=40$

제3회 사다리 실전모의고사 정답과 해설

제○교시		수학 영역				
공통 과목	수학1 수학2	01 ⑤	02 ①	03 ④	04 ②	05 ①
		06 ③	07 ①	08 ⑤	09 ⑤	10 ③
		11 ③	12 ①	13 ⑤	14 ③	15 ③
		16 81	17 288	18 270	19 31	20 395
		21 36	22 9			
선택 과목	확통	23 ④	24 ②	25 ①	26 ①	27 ①
		28 ③	29 21	30 68		
	미적	23 ①	24 ②	25 ①	26 ③	27 ④
		28 ②	29 18	30 6		
	기하	23 ③	24 ②	25 ①	26 ③	27 ④
		28 ⑤	29 180	30 259		

수학 1, 2

01 정답 ⑤

$$\frac{\cos\theta}{\tan\theta} = \frac{\cos^2\theta}{\sin\theta} = \frac{1-\sin^2\theta}{\sin\theta} = \frac{1}{\sin\theta} - \sin\theta$$
$$= -3 + \frac{1}{3} = -\frac{8}{3}$$

02 정답 ①

$\lim\limits_{x\to\infty} \dfrac{f(x)-2x^3}{3x^2} = 1$ 에서 $f(x) = 2x^3 + 3x^2 + ax + b$

또 $\lim\limits_{x\to 0} \dfrac{f(x)}{x} = -12$ 에서 $f(0)=0$ 이므로 $b=0$

$\therefore \lim\limits_{x\to 0} \dfrac{f(x)}{x} = \lim\limits_{x\to 0} \dfrac{2x^3 + 3x^2 + ax}{x} = \lim\limits_{x\to 0}(2x^2 + 3x + a)$
$\qquad = a = -12$

따라서 $f(x) = 2x^3 + 3x^2 - 12x$ 이므로

$f(1) = 2 + 3 - 12 = -7$

03 정답 ④

$f(x) = x^2 g(x)$ 에서

$f'(x) = 2xg(x) + x^2 g'(x)$ 이므로

$f'(1) = 2g(1) + g'(1) = 11$

04 정답 ②

$\log_3 a = \dfrac{1}{\log_b 27} = \log_{27} b = \dfrac{1}{3}\log_3 b$ 이므로

$\log_a b = \dfrac{\log_3 b}{\log_3 a} = 3$

$\therefore$ (준식) $= 2\log_a b + \dfrac{2}{\log_a b} = 2\times 3 + \dfrac{2}{3} = \dfrac{20}{3}$

05 정답 ①

$\left(\dfrac{1}{2}\right)^{1-x} \geq \left(\dfrac{1}{2}\right)^{4x-4}$ 에서 $1-x \leq 4x-4$ 이므로

$x \geq 1$ ...... ㉠

또 $\log_2 4x < \log_2(x+k)$ 에서 $0 < 4x < x+k$ 이므로

$0 < x < \dfrac{k}{3}$ ...... ㉡

㉠, ㉡을 동시에 만족하는 x가 존재하지 않는 양수 k는 $\dfrac{k}{3} \leq 1$

$\therefore 0 < k \leq 3$

06 정답 ③

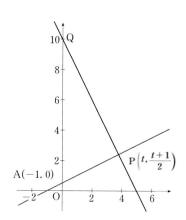

두 점 P, Q를 지나는 직선의 기울기가 -2이므로

$y = -2(x-t) + \dfrac{t+1}{2}$ $\therefore$ Q$\left(0, \dfrac{5t+1}{2}\right)$

이때 $\overline{AQ} = \sqrt{1 + \left(\dfrac{5t+1}{2}\right)^2}$,

$\overline{AP} = \sqrt{(t+1)^2 + \left(\dfrac{t+1}{2}\right)^2}$ 이므로

$\lim\limits_{t\to\infty} \dfrac{\overline{AQ}}{\overline{AP}} = \sqrt{5}$

07 정답 ①

$a_n = \displaystyle\int_0^1 (x^{n+1} - x^n)dx$ 이므로

$$\sum_{n=1}^{10} a_n = \int_0^1 (x^2-x)dx + \int_0^1 (x^3-x^2)dx + \cdots + \int_0^1 (x^{11}-x^{10})dx$$
$$= \int_0^1 \{(x^2-x)+(x^3-x^2)+\cdots+(x^{11}-x^{10})\}dx$$
$$= \int_0^1 (x^{11}-x)dx = \left[\frac{x^{12}}{12}-\frac{x^2}{2}\right]_0^1 = -\frac{5}{12}$$

[다른 풀이]

$$a_n = \int_0^1 (x^{n+1}-x^n)dx$$
$$= \left[\frac{x^{n+2}}{n+2}-\frac{x^{n+1}}{n+1}\right]_0^1 = \frac{1}{n+2}-\frac{1}{n+1}$$
$$\therefore \sum_{n=1}^{10} a_n = \sum_{n=1}^{10}\left(\frac{1}{n+2}-\frac{1}{n+1}\right)$$
$$= \left(\frac{1}{3}-\frac{1}{2}\right)+\left(\frac{1}{4}-\frac{1}{3}\right)+\cdots+\left(\frac{1}{12}-\frac{1}{11}\right) = \frac{1}{12}-\frac{1}{2}$$
$$= -\frac{5}{12}$$

 정답 ⑤

$(1-\sin^2 3x)-\sin 3x+1=0$

$\sin^2 3x+\sin 3x-2=0$

$(\sin 3x+2)(\sin 3x-1)=0$

$\sin 3x=1$, $3x=\dfrac{\pi}{2}, \dfrac{5}{2}\pi, \dfrac{9}{2}\pi$

따라서 $x=\dfrac{1}{6}\pi, \dfrac{5}{6}\pi, \dfrac{9}{6}\pi$이므로 그 합은 $\dfrac{5}{2}\pi$이다.

 정답 ⑤

$f'(x)=3x^2-3=3(x-1)(x+1)$이므로

$x=1,-1$에서 극값을 갖는다.

$a\geq 0$일 때, $f(a)\geq f(1)=-2$이므로

$f(a)\geq -2\geq f(b)$를 만족시키는 음의 실수 b의 최댓값을 구하면 된다.

즉, $f(b)+2=b^3-3b+2\leq 0$에서

$(b-1)^2(b+2)\leq 0$이므로

$b=1$ 또는 $b\leq -2$

따라서 음의 실수 b의 최댓값은 -2이다.

⑩ 정답 ③

a_n과 S_n을 나열하면

n	1	2	3	4	5	6	7	8	9	10	11	12	$\cdots$
a_n	4	-2	0	2	4	-2	0	2	4	-2	0	2	$\cdots$
S_n	4	2	2	4	8	6	6	8	12	10	10	12	$\cdots$

따라서 구하는 m의 최솟값은 9이다.

⑪ 정답 ③

ㄱ. 주어진 함수 $f(x)$의 그래프에서 함수 $f(x)$는 $x=-1$에서 연속이므로 함수 $f(x-1)$은 $x=0$에서 연속이다. (참)

ㄴ. $h(x)=f(x)f(-x)$라 하면

$h(1)=f(1)f(-1)=0$이고

$\lim\limits_{x\to 1+}h(x)=\lim\limits_{x\to 1+}f(x)f(-x)=(-1)\cdot 1=-1$

이므로 $\lim\limits_{x\to 1+}h(x)\neq h(1)$이다.

따라서 함수 $h(x)$는 $x=1$에서 불연속이다. (거짓)

ㄷ. 주어진 함수 $f(x)$의 그래프에서

$x\to 3+$ 일 때, $f(x)\to 1+$ 이고

$x\to 3-$ 일 때, $f(x)\to 1-$ 이며

$f(3)=1$이다.

따라서

$\lim\limits_{x\to 3+}f(f(x))=\lim\limits_{t\to 1+}f(t)=-1$

$\lim\limits_{x\to 3-}f(f(x))=\lim\limits_{t\to 1-}f(t)=0$

따라서 $\lim\limits_{x\to 3+}f(f(x))\neq \lim\limits_{x\to 3-}f(f(x))$이므로

함수 $f(f(x))$는 $x=3$에서 불연속이다. (참)

따라서 옳은 것은 ㄱ, ㄷ이다.

⑫ 정답 ①

$x^2\displaystyle\int_1^x f(t)dt-\int_1^x t^2 f(t)dt=x^4+ax^3+bx^2$ ······ ㉠

㉠이 모든 실수 x에 대하여 성립하므로

㉠에 $x=1$을 대입하면

$0=1+a+b$ ······ ㉡

㉠의 양변을 x에 대하여 미분하면

$2x\displaystyle\int_1^x f(t)dt+x^2 f(x)-x^2 f(x)=4x^3+3ax^2+2bx$

$2x\displaystyle\int_1^x f(t)dt=4x^3+3ax^2+2bx$

위의 식이 모든 실수 x에 대하여 성립하므로

$2\displaystyle\int_1^x f(t)dt=4x^2+3ax+2b$ ······ ㉢

또 ㉢이 모든 실수 x에 대하여 성립하므로

㉢에 $x=1$을 대입하면

$0=4+3a+2b$ ······ ㉣

㉡, ㉣에서 $a=-2$, $b=1$

㉢의 양변을 x에 대하여 미분하면

$2f(x)=8x+3a=8x-6$

이므로 $f(x)=4x-3$

$\therefore f(5)=17$

13 정답 ⑤

(가) 주어진 식에 $m+1$을 대입한 것이므로

$$(m+1)^2 \cdot \frac{1}{(m+1)(2m+3)} = \frac{m+1}{2m+3}$$

(나) $\dfrac{1}{(m+1)(2m+3)} \displaystyle\sum_{k=1}^{m} k^2$항이 나왔으므로

주어진 식의 마지막 항은 $\dfrac{1}{m(2m+1)}$이다.

(다) (준식) $= \dfrac{m(m+3)}{12} + \dfrac{1}{(m+1)(2m+3)} \displaystyle\sum_{k=1}^{m} k^2 + \dfrac{m+1}{2m+3}$

$= \dfrac{m(m+3)}{12} + \dfrac{1}{(m+1)(2m+3)} \displaystyle\sum_{k=1}^{m} k^2$

$\qquad + (m+1)^2 \cdot \dfrac{1}{(m+1)(2m+3)}$

$= \dfrac{m(m+3)}{12} + \dfrac{1}{(m+1)(2m+3)} \displaystyle\sum_{k=1}^{m+1} k^2$

∴ (가): $m+1$, (나): $m(2m+1)$, (다): k^2

14 정답 ③

$-x^2+9 = x+k$에서 $x^2+x+k-9=0$의 두 근 α, β는
P, Q의 x좌표이다.

ㄱ) $\dfrac{\alpha+\beta}{2} = -\dfrac{1}{2}$ (참)

ㄴ) $k=7$이면 P(1, 8), Q(-2, 5)

$\overline{QR}$을 밑변으로 보면 높이가 2배이므로 넓이도
2배이다. (참)

ㄷ) $\overline{OR} = k$, $\alpha+\beta = -1$, $\alpha\beta = k-9$이므로

$\triangle OPQ = \triangle OPR + \triangle OPQ$

$= \dfrac{1}{2}|\alpha|k + \dfrac{1}{2}|\beta|k = \dfrac{1}{2}|\alpha-\beta|k \quad (\because \alpha\beta<0)$

$= \dfrac{1}{2}k\sqrt{1-4(k-9)}$

$= \dfrac{1}{2}\sqrt{-4k^3+37k^2}$

여기서 $f(k) = -4k^3+37k^2$이라 두면

$f'(k) = -12k^2+74k = 0$

$k = \dfrac{37}{6}$일 때, $f(k)$는 최댓값을 가지므로 $\triangle OPQ$의 넓이는

최대이다. (거짓)

따라서 옳은 것은 ㄱ, ㄴ이다.

15 정답 ③

$f(x)-g(x) = a^{2x}-a^{x+1}+2$이므로 $a^x=t$라 하면

$f(x)-g(x) = t^2-at+2$

이차방정식 $t^2-at+2=0$의 판별식을 D라 하면

$D = a^2-8 = 0$에서 $a = 2\sqrt{2}$ $(\because a>1)$

$y = t^2-at+2$는 대칭축이 $t = \dfrac{a}{2}$이고 y절편이 2인 이차함수이므로 a의 크기에 따라서 $y = |t^2-at+2|$의 그래프의 개형을 그리면 다음과 같다.

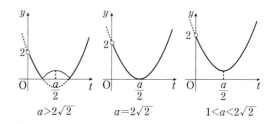

$$a>2\sqrt{2} \qquad a=2\sqrt{2} \qquad 1<a<2\sqrt{2}$$

이때, $t=a^x$는 모든 실수 x에 대하여 $t>0$이고, $a>1$이므로 $x_1<x_2$에 대하여 $t_1<t_2$를 만족한다. …… ㉠

ㄱ. $a=2\sqrt{2}$일 때, $y=|t^2-at+2|$의 그래프는 x축과 한 점에서 만나므로 $y=h(x)$의 그래프는 x축과 한 점에서 만난다. ($\because$ ㉠) (참)

ㄴ. $a=4$일 때,

$t^2-4t+2=0$에서 $t=2\pm\sqrt{2}$이므로

$y=|t^2-at+2|$의 그래프는 $0<t<2-\sqrt{2}$에서 감소하고

$2-\sqrt{2}<t<2$에서 증가한다. …… ㉡

$x<\dfrac{1}{2}$일 때, $0<t<4^{\frac{1}{2}}=2$이므로 ㉠, ㉡에 의해서 $h(x_1)$, $h(x_2)$의 대소를 비교할 수 없다. (거짓)

ㄷ. $y=t^2-at+2$의 그래프가 직선 $y=1$과 접할 때, $y=h(x)$의 그래프와 직선 $y=1$이 오직 한 점에서 만나게 된다.

$t^2-at+2=1$에서 $t^2-at+1=0$

위의 방정식은 $a=2$일 때 중근을 가지므로 $a=2$일 때, $y=h(x)$의 그래프와 직선 $y=1$이 오직 한 점에서 만나게 된다. (참)

따라서 옳은 것은 ㄱ, ㄷ이다.

16 정답 81

$ab=12$, $bc=8$이므로 $\dfrac{a}{c} = \dfrac{3}{2}$이므로 $a = \dfrac{3}{2}c$이다.

$2^a = 2^{\frac{3}{2}c} = 27 = 3^3$이므로 2^c-9

∴ $4^c = (2^2)^c = (2^c)^2 = 9^2 = 81$

17 정답 288

$$\int_2^6 \frac{x^2(x^2+2x+4)}{x+2}\,dx + \int_6^2 \frac{4(y^2+2y+4)}{y+2}\,dy$$

$$= \int_2^6 \frac{x^2(x^2+2x+4)}{x+2}\,dx - \int_2^6 \frac{4(x^2+2x+4)}{x+2}\,dx$$

$$= \int_2^6 \left\{ \frac{x^2(x^2+2x+4)}{x+2} - \frac{4(x^2+2x+4)}{x+2} \right\}dx$$

$$= \int_2^6 \frac{(x^2-4)(x^2+2x+4)}{x+2}\,dx$$

$$= \int_2^6 (x-2)(x^2+2x+4)\,dx$$

$$= \int_2^6 (x^3-8)\,dx$$

$$= \left[\frac{1}{4}x^4 - 8x \right]_2^6 = 288$$

18 정답 270

$\{a_n\}$이 등차수열이므로 첫째항을 a, 공차를 d라 하면

$a_1+a_3+a_{13}+a_{15}=72$에서

$4a+28d=72$, $a+7d=18$

$$\therefore \sum_{n=1}^{15} a_n = \frac{15(2a+14d)}{2} = 15\cdot 18 = 270$$

19 정답 31

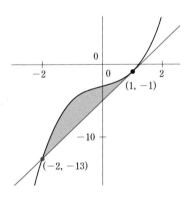

$y=x^3+x-3$에서 $y'=3x^2+1$

곡선 위의 점 $(1,\,-1)$에서 접선의 방정식은 $y=4x-5$ 이므로

$x^3+x-3=4x-5$

$x^3-3x+2=(x-1)^2(x+2)=(x-1)^3+3(x-1)^2$

$$S = \int_{-2}^1 (x-1)^2(x+2)\,dx$$

$$= \int_{-2}^1 \{(x-1)^3 + 3(x-1)^2\}\,dx$$

$$= \left[\frac{1}{4}(x-1)^4 + (x-1)^3 \right]_{-2}^1$$

$$= -\frac{81}{4} + 27 = \frac{27}{4}$$

$$\therefore p+q = 4+27 = 31$$

20 정답 395

$\overline{OA_n}=\overline{OB_n}$이므로 $B_n(n,\,-n^2)$이다.

두 직선 OA_n과 OB_n의 기울기의 곱이 -1이므로

삼각형 OA_nB_n은 직각이등변삼각형이다.

이때 $\overline{OA_n}=\sqrt{n^4+n^2}$이므로 $S_n=\frac{1}{2}(n^2+n^4)$

$$\therefore \sum_{n=1}^{10} \frac{2S_n}{n^2} = \sum_{n=1}^{10}(1+n^2) = 10 + \frac{10\cdot 11\cdot 21}{6}$$

$$= 395$$

21 정답 36

각 B의 이등분선과 선분 AC의 교점을 D라 하면 삼각형의

각의 이등분선의 성질에 의하여

$x+1 : x = \overline{CD} : \overline{AD}$

$\overline{CD} = x+2-\overline{AD}$이므로

$x+1 : x = (x+2-\overline{AD}) : \overline{AD}$

$x(x+2-\overline{AD}) = \overline{AD}(x+1)$

$$\therefore \overline{AD} = \frac{x(x+2)}{2x+1},\ \overline{CD} = \frac{(x+1)(x+2)}{2x+1}$$

이때 삼각형 ABD와 삼각형 ACB가 AA닮음이므로

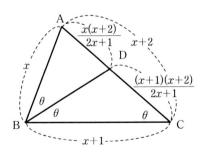

$x+2 : x = 2x+1 : x+2$이 성립하므로 $x=4$

그러므로 삼각형 ABC에서 코사인법칙에 의해

$\overline{AB}^2 = \overline{AC}^2 + \overline{BC}^2 - 2\overline{AC}\times\overline{BC}\cos\theta$

$4^2 = 6^2 + 5^2 - 2\times 6\times 5\cos\theta$

$\cos\theta = k = \frac{3}{4}$ $\therefore 64k^2 = 36$

22 　정답 9

점 B, C의 x좌표를 각각 b, c라 하면 직선 m과 곡선 $y=f(x)$가 두 점 B, C에서 만나고 $f(x)$가 최고차항의 계수가 1인 삼차함수이므로

$$f(x)-x=(x-b)^2(x-c) \quad \cdots\cdots \ \text{㉠}$$

로 놓을 수 있다.

점 D는 직선 $y=x$ 위의 점이므로 점 B의 좌표는 (b, b)이다.

직선 l은 점 B를 지나며 직선 $y=x$와 수직이므로 기울기가 -1이다.

따라서 직선 l의 방정식은 $y=-x+2b$이다.

점 A는 직선 l의 y절편이므로 점 A의 좌표는 $(0, 2b)$, 즉 $f(0)=2b$이다.

주어진 조건에서 $f(0)>0$이므로 $b>0$이다.

㉠의 양변에 $x=0$을 대입하면

$$f(0)=-b^2c=2b$$

$$\therefore bc=-2 \ (\because b>0) \quad \cdots\cdots \ \text{㉡}$$

직선 l은 점 A에서 곡선 $y=f(x)$와 접하므로 $f'(0)=-1$이다.

㉠의 양변을 x에 대하여 미분하면

$$f'(x)-1=2(x-b)(x-c)+(x-b)^2 \quad \cdots\cdots \ \text{㉢}$$

㉢의 양변에 $x=0$을 대입하면

$$f'(0)-1=2bc+b^2=-2$$

$$b^2=2 \ (\because \text{㉡})$$

$$\therefore b=\sqrt{2} \ (\because b>0)$$

$b=\sqrt{2}$를 ㉡에 대입하면 $c=-\sqrt{2}$

구하는 값은 $f'(c)$이므로 ㉢의 양변에 $x=c$를 대입하면

$$f'(c)-1=(c-b)^2=(-2\sqrt{2})^2=8$$

$$\therefore f'(c)=9$$

확률과 통계

23 　정답 ④

$P(B|A^c)=\dfrac{P(A^c \cap B)}{P(A^c)}$ 이므로

$P(A^c \cap B)=\dfrac{1}{5}$, $P(B|A^c)=\dfrac{3}{7}$ 에서

$$\dfrac{\frac{1}{5}}{P(A^c)}=\dfrac{3}{7}$$

$$P(A^c)=\dfrac{1}{5}\times\dfrac{7}{3}=\dfrac{7}{15}$$

$$\therefore P(A)=1-P(A^c)=1-\dfrac{7}{15}=\dfrac{8}{15}$$

24 　정답 ②

전체 경우의 수는 $\dfrac{{}_8\mathrm{C}_3\times{}_5\mathrm{C}_3\times{}_2\mathrm{C}_2}{2!}=280$

(ⅰ) A, B가 3명인 조에 속하는 경우의 수

$${}_6\mathrm{C}_1\times{}_5\mathrm{C}_3\times{}_2\mathrm{C}_2=60$$

(ⅱ) A, B가 2명인 조에 속하는 경우의 수

$${}_6\mathrm{C}_3\times{}_3\mathrm{C}_3\times\dfrac{1}{2!}=10$$

따라서 A, B가 같은 조에 속할 확률은

$$\dfrac{60+10}{280}=\dfrac{1}{4}$$

25 　정답 ①

확률변수 X는 이항분포 $\mathrm{B}\left(20, \dfrac{4}{5}\right)$를 따르므로

$$V\left(\dfrac{1}{4}X+1\right)=\dfrac{1}{16}V(X)=\dfrac{1}{16}\left(20\times\dfrac{4}{5}\times\dfrac{1}{5}\right)=\dfrac{1}{5}$$

26 　정답 ①

주머니 A에 있는 검은 공의 개수가 주머니 B에 있는 검은 공의 개수보다 많으므로 시행을 마친 후 두 주머니 안에 있는 검은 공의 수가 같으려면 주머니 A에서 적어도 하나의 검은 공을 꺼내어 주머니 B에 넣어야 한다.

(ⅰ) 주머니 A에서 검은 공 2개를 꺼내어 주머니 B에 넣는 경우
　주머니 B에서 검은 공 1개, 흰 공 1개를 꺼내어 주머니 A에 넣어야 하므로 이때의 확률은

$$\frac{_4C_2}{_6C_2} \times \frac{_4C_1 \times _4C_1}{_8C_2} = \frac{8}{35}$$

(ii) 주머니 A에서 흰 공 1개, 검은 공 1개를 꺼내어 주머니 B에 넣는 경우

주머니 B에서 흰 공 2개를 꺼내어 주머니 A에 넣어야 하므로 이때의 확률은

$$\frac{_2C_1 \times _4C_1}{_6C_2} \times \frac{_5C_2}{_8C_2} = \frac{4}{21}$$

(i), (ii)에서 구하는 확률은

$$\frac{\dfrac{8}{35}}{\dfrac{8}{35} + \dfrac{4}{21}} = \frac{6}{11}$$

27 정답 ①

$X=0$은 둘 다 1이거나 2이므로

$$P(X=0) = \frac{_3C_2 + _2C_2}{_6C_2} = \frac{4}{15}$$

$X=1$은 1과 2 또는 2와 3이므로

$$P(X=1) = \frac{3 \times 2 + 2 \times 1}{_6C_2} = \frac{8}{15}$$

$X=2$는 1과 3이므로

$$P(X=2) = \frac{3 \times 1}{_6C_2} = \frac{3}{15}$$

$$\therefore E(X) = 0 \times \frac{4}{15} + 1 \times \frac{8}{15} + 2 \times \frac{3}{15} = \frac{14}{15}$$

28 정답 ③

$f(n) = \dfrac{(n+2)!}{n!2!} = \dfrac{(n+2)(n+1)}{2}$ 이므로

$$\frac{1}{f(n)} = 2\left(\frac{1}{n+1} - \frac{1}{n+2}\right)$$

$$\frac{1}{f(1)} + \frac{1}{f(2)} + \cdots + \frac{1}{f(2020)} = 2\left(\frac{1}{2} - \frac{1}{2022}\right) = \frac{1010}{1011}$$

$$\therefore a+b = 2021$$

29 정답 21

5회의 시행 중 (A, B), (B, C), (C, D)에 넣은 경우의 수를 각각 x, y, z라고 하면

$$a=x, \ b=x+y, \ c=y+z, \ d=z$$

이때 $x+y+z=5(x \geq 0, \ y \geq 0, \ z \geq 0)$이므로

$$_3H_5 = _7C_2 = 21$$

30 정답 68

점 A를 한 꼭짓점으로 하여 만들 수 있는 삼각형의 총 개수는

$$_{11}C_2 = 55$$

이때

$$\cos^2 \frac{m\pi}{6} + \sin^2 \frac{m\pi}{6} = 1, \ \cos^2 \frac{n\pi}{6} + \sin^2 \frac{n\pi}{6} = 1$$

이므로 세 점 A, B, C는 그림과 같이 단위원을 12등분하는 점이다.

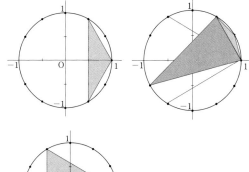

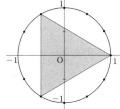

삼각형 ABC가 이등변삼각형인 경우는

(i) $\overline{AB} = \overline{AC}$일 때,

$m<n$이므로 (m, n)의 순서쌍은

$(1, 11), (2, 10), (3, 9), (4, 8), (5, 6)$의 5가지

(ii) B가 이등변삼각형의 꼭지각일 때,

(m, n)의 순서쌍은

$(1, 2), (2, 4), (3, 6), (4, 8), (5, 10)$의 5가지

(iii) C가 이등변삼각형의 꼭지각일 때,

(m, n)의 순서쌍은

$(10, 11), (8, 10), (6, 9), (4, 8), (2, 7)$의 5가지

(iv) 삼각형 ABC가 정삼각형인 경우는 1가지이다.

그런데 삼각형 ABC가 정삼각형인 경우는 (i), (ii), (iii)에 각각 1개씩 포함되어 있으므로 삼각형 ABC가 이등변삼각형인 경우는

$$5+5+5+1-3 = 13$$

이다.

따라서 구하는 확률은 $\dfrac{13}{55}$ 이므로

$$p+q = 55+13 = 68$$

미적분

23
정답 ①

$$\lim_{n \to \infty} \frac{3^n + 2^{n+1}}{3^{n+1} - 2^n} = \lim_{n \to \infty} \frac{1 + 2\left(\frac{2}{3}\right)^n}{3 - \left(\frac{2}{3}\right)^n} = \frac{1}{3}$$

24
정답 ②

$\dfrac{\pi}{2} - x = \theta$로 놓으면 $x \to \dfrac{\pi}{2}$일 때, $\theta \to 0$이므로

$$\lim_{x \to \frac{\pi}{2}} (1 - \cos x)^{\sec x} = \lim_{\theta \to 0} \left\{ 1 - \cos\left(\frac{\pi}{2} - \theta\right) \right\}^{\frac{1}{\cos\left(\frac{\pi}{2} - \theta\right)}}$$

$$= \lim_{\theta \to 0} (1 - \sin\theta)^{\frac{1}{\sin\theta}}$$

$$= \lim_{\theta \to 0} \left\{ (1 - \sin\theta)^{-\frac{1}{\sin\theta}} \right\}^{-1}$$

$$= e^{-1} = \frac{1}{e}$$

25
정답 ①

$\dfrac{dx}{dt} = 1 - 2\cos 2t$, $\dfrac{dy}{dt} = 2\sin 2t$이므로

점 P의 시각 t에서의 속력은

$$\sqrt{\left(\frac{dx}{dt}\right)^2 + \left(\frac{dy}{dt}\right)^2} = \sqrt{(1 - 2\cos 2t)^2 + 4\sin^2 2t}$$

$$= \sqrt{5 - 4\cos 2t} \le 3 \ (\because -4 \le 4\cos 2t \le 4)$$

따라서 구하는 속력의 최댓값은 3이다.

26
정답 ③

$$\lim_{n \to \infty} \frac{1}{n} \sum_{k=1}^{n} g\left(1 + \frac{3k}{n}\right) = \frac{1}{3} \times \lim_{n \to \infty} \frac{3}{n} \sum_{k=1}^{n} g\left(1 + \frac{3k}{n}\right) = \frac{1}{3} \int_{1}^{4} g(x)dx$$

함수 $y = f(x)$의 그래프의 개형은 다음과 같다.

이때 함수 $y = f(x)$와 $y = g(x)$의 그래프는 직선 $y = x$에 대하여 대칭이므로 $\displaystyle\int_{1}^{4} g(x)dx$의 값은 그림의 어두운 부분의 넓이와 같다.

$f(x) = \dfrac{4}{1 + x^2} = 1$에서 $x = \sqrt{3}$ $(\because x \ge 0)$이므로

$$\int_{1}^{4} g(x)dx = \int_{0}^{\sqrt{3}} \{f(x) - 1\}dx = \int_{0}^{\sqrt{3}} \frac{4}{x^2 + 1}dx - \sqrt{3}$$

$x = \tan\theta \left(-\dfrac{\pi}{2} < \theta < \dfrac{\pi}{2}\right)$라 하면 $dx = \sec^2\theta \, d\theta$이고

$x = 0$일 때 $\theta = 0$, $x = \sqrt{3}$일 때 $\theta = \dfrac{\pi}{3}$이므로

$$\int_{0}^{\sqrt{3}} \frac{4}{x^2 + 1}dx = \int_{0}^{\frac{\pi}{3}} \frac{4}{\tan^2\theta + 1} \sec^2\theta \, d\theta = \int_{0}^{\frac{\pi}{3}} 4 \, d\theta = \frac{4}{3}\pi$$

$$\therefore \int_{1}^{4} g(x)dx = \frac{4}{3}\pi - \sqrt{3}$$

$$\therefore \lim_{n \to \infty} \frac{1}{n} \sum_{k=1}^{n} g\left(1 + \frac{3k}{n}\right) = \frac{1}{3} \int_{1}^{4} g(x)dx = \frac{4\pi - 3\sqrt{3}}{9}$$

27
정답 ④

$$\int_{1}^{e} \left(\frac{3}{x} - \sqrt{\ln x}\right)^2 dx = \int_{1}^{e} \left(\frac{9}{x^2} - \frac{6}{x}\sqrt{\ln x} + \ln x\right)dx$$

$$= \left[-\frac{9}{x} - 4(\ln x)^{\frac{3}{2}} + x\ln x - x \right]_{1}^{e}$$

$$= 6 - \frac{9}{e}$$

28 정답 ②

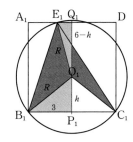 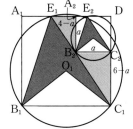

원 O_1의 중심 O_1에서 선분 B_1C_1에 내린 수선의 발을 P_1이라 하면 점 P_1은 선분 B_1C_1의 중점이다.

직선 O_1P_1이 정사각형 $A_1B_1C_1D$와 만나는 점 중에서 점 P_1이 아닌 점을 Q_1이라 하자.

또 원 O_1의 반지름의 길이를 R라 하고, $\overline{O_1P_1}=h$라고 하면 $\overline{O_1Q_1}=6-h$이므로

두 삼각형 $O_1B_1P_1$, $O_1Q_1E_1$에서

$R^2=9+h^2=1+(6-h)^2$, $h=\dfrac{7}{3}$

$\therefore S_1=\dfrac{1}{2}\times(6-h)\times6=11$

이때 정사각형 $A_2B_2C_2D$의 한 변의 길이를 a라 하면

$\overline{E_1A_2}=4-a$, $\overline{C_1C_2}=6-a$이고,

삼각형 $E_1B_2A_2$와 삼각형 $B_2C_1C_2$가 닮음이므로

$\dfrac{a}{4-a}=\dfrac{6-a}{a}$에서 $a=\dfrac{12}{5}$

따라서 닮음비가 $\dfrac{\frac{12}{5}}{6}=\dfrac{2}{5}$이므로

$\lim\limits_{n\to\infty}S_n=\dfrac{11}{1-\left(\frac{2}{5}\right)^2}=\dfrac{275}{21}$

29 정답 18

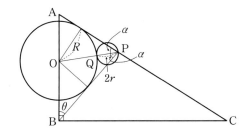

두 원의 반지름의 길이를 각각 $R(\theta)$, $r(\theta)$ $(R(\theta)>r(\theta))$이라 하면

$\angle PAB=\dfrac{\pi}{3}$이므로

$\overline{AB}=\overline{AO}+\overline{OB}=\dfrac{2}{\sqrt{3}}R(\theta)+\dfrac{R(\theta)}{\sin\theta}=2$

$R(\theta)=\dfrac{2\sqrt{3}\sin\theta}{2\sin\theta+\sqrt{3}}$

$\therefore f(\theta)=\pi R(\theta)^2$

$\angle APO=\angle BPO=\dfrac{\pi}{3}-\dfrac{\theta}{2}$이므로

$\overline{OP}=\dfrac{R(\theta)}{\sin\left(\frac{\pi}{3}-\frac{\theta}{2}\right)}$

$\overline{PQ}=\overline{OP}-\overline{OQ}=\dfrac{R(\theta)}{\sin\left(\frac{\pi}{3}-\frac{\theta}{2}\right)}-R(\theta)$

$=\left\{\dfrac{1-\sin\left(\frac{\pi}{3}-\frac{\theta}{2}\right)}{\sin\left(\frac{\pi}{3}-\frac{\theta}{2}\right)}\right\}R(\theta)$

$r(\theta)=\dfrac{\overline{PQ}}{2}=\left\{\dfrac{1-\sin\left(\frac{\pi}{3}-\frac{\theta}{2}\right)}{2\sin\left(\frac{\pi}{3}-\frac{\theta}{2}\right)}\right\}R(\theta)$

$\therefore g(\theta)=\pi r(\theta)^2=\pi\left\{\dfrac{1-\sin\left(\frac{\pi}{3}-\frac{\theta}{2}\right)}{2\sin\left(\frac{\pi}{3}-\frac{\theta}{2}\right)}\right\}^2 R(\theta)^2$

$\lim\limits_{\theta\to0+}\dfrac{f(\theta)+g(\theta)}{\theta^2}=\lim\limits_{\theta\to0+}\pi\dfrac{R(\theta)^2+r(\theta)^2}{\theta^2}$

$=\lim\limits_{\theta\to0+}\pi\dfrac{R(\theta)^2}{\theta^2}\left\{1+\left(\dfrac{1-\sin\left(\frac{\pi}{3}-\frac{\theta}{2}\right)}{2\sin\left(\frac{\pi}{3}-\frac{\theta}{2}\right)}\right)^2\right\}$

$=\lim\limits_{\theta\to0+}\pi\dfrac{\sin^2\theta}{\theta^2}\left(\dfrac{2\sqrt{3}}{2\sin\theta+\sqrt{3}}\right)^2\left\{1+\left(\dfrac{1-\sin\left(\frac{\pi}{3}-\frac{\theta}{2}\right)}{2\sin\left(\frac{\pi}{3}-\frac{\theta}{2}\right)}\right)^2\right\}$

$=\pi\times1^2\times2^2\times\left\{1+\left(\dfrac{1-\frac{\sqrt{3}}{2}}{\sqrt{3}}\right)^2\right\}$

$=\dfrac{19-4\sqrt{3}}{3}\pi$

따라서 $p=19$, $q=-4$, $r=3$이므로

$p+q+r=18$

30 정답 6

$f(x)=x^2-ax+b$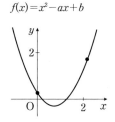

$g(x)=x^2e^{-\frac{x}{2}}$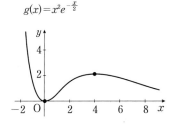

$g(x)$는 극솟값 $g(0)=0$, 극댓값 $g(4)=\dfrac{16}{e^2}$

$\lim\limits_{x\to\infty}g(x)=0$, $\lim\limits_{x\to-\infty}g(x)=\infty$

(가) $h(0)=f(0)=b$, $h(4)=f(g(4))=f\left(\dfrac{16}{e^2}\right)>b$

이므로 $0<a<\dfrac{16}{e^2}$ $\left(단,\ \dfrac{5}{2}<e<3\right)$

$|h(x)|=k$에서 $h(x)=\pm k$이고 (나)를 만족시키려면

$h(x)=f(g(x))$의 그래프는 다음과 같아야 한다.

$f'(x)=2x-a$, $g'(x)=\dfrac{1}{2}x(4-x)e^{-\frac{x}{2}}$

$h'(x)=g'(x)f'(g(x))$

$\quad =\dfrac{1}{2}x(4-x)e^{-\frac{x}{2}}\{2g(x)-a\}$

$g(x)=\dfrac{a}{2}\left(0<\dfrac{a}{2}<\dfrac{8}{e^2}\right)$에서 $h(x)$는 극솟값을 갖고,

극솟점이 직선 $y=-k$ 위에 있으므로,

그 값이 $-k=-f(0)=-b=f\left(\dfrac{a}{2}\right)$

$f(x)=\left(x-\dfrac{a}{2}\right)^2+b-\dfrac{a^2}{4}$에서 $\dfrac{a^2}{4}=2b$, 즉 $b=\dfrac{a^2}{8}$

한편 $f(1)=1-a+b=1-a+\dfrac{a^2}{8}=-\dfrac{7}{32}$이므로

$4a^2-32a+39=0$, $(2a-13)(2a-3)=0$

$0<a<\dfrac{16}{e^2}$이므로 $a=\dfrac{3}{2}$이고 $b=\dfrac{9}{32}$이다.

$\therefore a+16b=\dfrac{3}{2}+\dfrac{9}{2}=6$

기하

23 정답 ③

두 벡터 $\vec{a}$, $\vec{b}$가 이루는 각의 크기가 $60°$이고,

$|\vec{a}|=2$, $|\vec{b}|=3$이므로

$\vec{a}\cdot\vec{b}=|\vec{a}||\vec{b}|\cos 60°=2\times3\times\dfrac{1}{2}=3$

$|\vec{a}-2\vec{b}|^2=(\vec{a}-2\vec{b})\cdot(\vec{a}-2\vec{b})$

$\quad =|\vec{a}|^2-4\vec{a}\cdot\vec{b}+4|\vec{b}|^2$

$\quad =4-12+36$

$\quad =28$

$\therefore |\vec{a}-2\vec{b}|=\sqrt{28}=2\sqrt{7}$

24 정답 ②

$\dfrac{3B-2A}{3-2}=3B-2A=3(6,\ 4,\ b)-2(5,\ a,\ -3)$

$\quad\quad\quad\quad =(8,\ 12-2a,\ 3b+6)$

이때 $12-2a=0$, $3b+6=0$이므로 $a=6$, $b=-2$

$\therefore a+b=4$

25 정답 ①

쌍곡선이 x축에 대하여 대칭이고 $\overline{AB}=\sqrt{2}\,c$이므로

점 A의 y좌표는 $\dfrac{\sqrt{2}}{2}c=\dfrac{c}{\sqrt{2}}$이다.

그런데 $c=\sqrt{a^2+b^2}$이므로

점 A의 좌표는 $\left(\sqrt{a^2+b^2},\ \sqrt{\dfrac{a^2+b^2}{2}}\right)$ ...... ㉠

이다.

㉠을 $\dfrac{x^2}{a^2}-\dfrac{y^2}{b^2}=1$에 대입하면

$\dfrac{a^2+b^2}{a^2}-\dfrac{a^2+b^2}{2b^2}=1$

양변에 $2a^2b^2$을 곱하여 정리하면

$2b^4-a^2b^2-a^4=0$

$(2b^2+a^2)(b^2-a^2)=0$

$\therefore a^2=b^2$ ($\because a,\ b$는 실수)

$\therefore a=b$ ($\because a>0,\ b>0$)

26 　정답 ③

그림과 같이 삼각형 PQR의 둘레의 길이는 삼각형 PFF′의 둘레의 길이의 두 배이다.

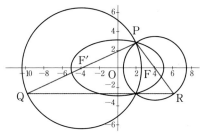

이때 삼각형 PFF′의 둘레의 길이는
$$\overline{PF'}+\overline{PF}+\overline{FF'}=10+8=18$$
이므로 삼각형 PQR의 둘레의 길이는
$$2\times18=36$$
이다.

27 　정답 ④

$\overline{PA}=\overline{PB}$이므로 점 B는 포물선의 초점이다. 즉 B(1, 0)
점 P의 좌표를 (a, b)라 하고 점 P에서 x축에 내린 수선의 발을 H라 하면 H$(a, 0)$이다.
이때 부채꼴 PBC의 넓이가 부채꼴 PAB의 넓이의 2배이므로
$$\angle APB=\angle BPH=\frac{\pi}{4}$$
$$\overline{BH}=\overline{PH}=a-1=b \cdots\cdots ㉠$$
P(a, b)는 포물선 위의 점이므로 대입하면
$$b^2=4a \cdots\cdots ㉡$$
㉠, ㉡을 연립하면 $(a, b)=(3+2\sqrt{2}, 2+2\sqrt{2})$
따라서 원의 반지름의 길이는
$$\overline{BP}=\sqrt{2}\,\overline{PH}=\sqrt{2}\,(2+2\sqrt{2})=4+2\sqrt{2}$$

28 　정답 ⑤

$\overline{MN}$의 중점을 H, △BCD의 무게중심을 G,
△AMN과 □BCNM이 이루는 각의 크기를 θ라고 하면
$$\angle AHG=\theta$$
이때 $\overline{AH}=3\sqrt{11}$, $\overline{GH}=\sqrt{3}$ 이므로 $\cos\theta=\dfrac{\overline{GH}}{\overline{AH}}=\dfrac{\sqrt{33}}{33}$
$$(\square BCNM의 넓이)=\frac{3}{4}\times\triangle BCD=\frac{3}{4}\times\frac{\sqrt{3}}{4}\times12^2=27\sqrt{3}$$
따라서 정사영의 넓이는
$$27\sqrt{3}\times\frac{\sqrt{33}}{33}=\frac{27\sqrt{11}}{11}$$

29 　정답 180

원 C의 중심을 O라 하면
$$\overrightarrow{PA}\cdot\overrightarrow{PB}=(\overrightarrow{OA}-\overrightarrow{OP})\cdot(\overrightarrow{OB}-\overrightarrow{OP})$$
$$=\overrightarrow{OA}\cdot\overrightarrow{OB}+|\overrightarrow{OP}|^2-(\overrightarrow{OA}+\overrightarrow{OB})\cdot\overrightarrow{OP}$$
여기서 $\overrightarrow{OA}\cdot\overrightarrow{OB}=25$, $|\overrightarrow{OP}|^2=25$이고
선분 AB의 중점을 Q라 하면 $\overrightarrow{OA}+\overrightarrow{OB}=2\overrightarrow{OQ}$이고
$\overrightarrow{OP}$와 $\overrightarrow{OQ}$가 반대방향일 때, $\overrightarrow{PA}\cdot\overrightarrow{PB}$는 최댓값을 가진다.
$$\therefore \overrightarrow{PA}\cdot\overrightarrow{PB}\le25+25-2(-5\times13)=180$$

30 　정답 259

포물선의 방정식은 $y=2-\dfrac{x^2}{8}$에서
$x^2=-8(y-2)$이므로
포물선의 초점은 O(0, 0)이고 준선은 $y=4$이다.
점 P(x, y)에서 준선 $y=4$에 내린 수선의 발을 H라 하면
포물선의 정의에 의하여
$$\overline{OP}=\overline{PH}=4-y$$
점 P에서 x축에 이르는 거리가 y이므로 $\overline{PQ}=y$
$$\therefore \overline{OQ}=\overline{OP}+\overline{PQ}=(4-y)+y=4$$
따라서 점 Q는 원점을 중심으로 하고 반지름의 길이가 4인 반원 위에 존재한다.

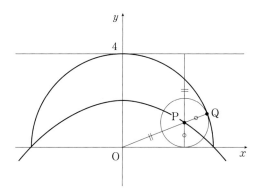

따라서 구하는 회전체의 부피는 반지름의 길이가 4인 구의 부피
이므로
$$\frac{4}{3}\pi\times4^3=\frac{256}{3}\pi$$
따라서 $p=3$, $q=256$이므로
$$p+q=259$$

제4회 사다리 실전모의고사 정답과 해설

제○교시		수학 영역				
공통 과목	수학1 수학2	01 ①	02 ②	03 ⑤	04 ⑤	05 ④
		06 ①	07 ③	08 ②	09 ⑤	10 ②
		11 ②	12 ③	13 ③	14 ③	15 ①
		16 375	17 13	18 23	19 480	20 42
		21 04	22 36			
선택 과목	확통	23 ③	24 ④	25 ②	26 ④	27 ⑤
		28 ②	29 50	30 93		
	미적	23 ④	24 ①	25 ②	26 ④	27 ④
		28 ①	29 8	30 9		
	기하	23 ③	24 ①	25 ④	26 ④	27 ⑤
		28 ④	29 128	30 80		

수학 1, 2

01 　　　　　　　　　　　정답 ①

$$\sqrt[3]{36}\times\left(\sqrt[3]{\frac{2}{3}}\right)^2=(2^2\cdot3^2)^{\frac{1}{3}}\times\left(\frac{2}{3}\right)^{\frac{2}{3}}=2^{\frac{2}{3}+\frac{2}{3}}\times3^{\frac{2}{3}-\frac{2}{3}}=2^{\frac{4}{3}}$$

$$\therefore a=\frac{4}{3}$$

02 　　　　　　　　　　　정답 ②

$$\lim_{x\to2}\frac{(2-x)(\sqrt{3-x}+1)}{(2-x)(\sqrt{6-x}+2)}=\frac{2}{4}=\frac{1}{2}$$

03 　　　　　　　　　　　정답 ⑤

$\cos\theta=-\frac{1}{2}$이므로 $\sin^2\theta=1-\cos^2\theta=\frac{3}{4}$

$\sin\theta<0$이므로 $\sin\theta=-\frac{\sqrt{3}}{2}$

$$\therefore \tan\theta=\sqrt{3}$$

04 　　　　　　　　　　　정답 ⑤

$\lim_{h\to0}\dfrac{f(1+h)-3}{h}=2$에서 $f(1)=3, f'(1)=2$

$g(x)=(x+2)f(x)$에서

$g'(x)=f(x)+(x+2)f'(x)$

$$\therefore g'(1)=f(1)+3f'(1)=3+6=9$$

05 　　　　　　　　　　　정답 ④

$2=\dfrac{60}{30}=\dfrac{6\times10}{15\times2}$이므로

$\log2=\log10+\log6-\log15-\log2$

$\qquad=1+a-b-\log2$

$$\therefore \log2=\frac{a-b+1}{2}$$

06 　　　　　　　　　　　정답 ①

두 점의 위치는 각각

$x_1(t)=t^2+3t,\ x_2(t)=a\left(3t^2-\dfrac{1}{3}t^3\right)$

$t=3$일 때 같은 위치이므로 $9+9=a(27-9)$

$$\therefore a=1$$

07 　　　　　　　　　　　정답 ③

원 C_1의 중심을 $C_1(a,0)$이라 하면

직선 P_1C_1은 점 $P_1(1,1)$에서의 곡선 $y=x^2$의 접선에 수직이다.

점 P_1에서의 곡선 $y=x^2$의 접선의 기울기는 2이므로

$2\times\dfrac{1-0}{1-a}=-1$

$$\therefore a=3$$

08 　　　　　　　　　　　정답 ②

$a_{2n-1}+a_{2n}=2a_n$이므로 $S_{2n}=2S_n$

$S_1=\dfrac{3}{2}, S_2=3, S_4=6, S_8=12$

$$\therefore S_{16}=24$$

09 　　　　　　　　　　　정답 ⑤

(가), (나)에서 $f(x)=x^4+bx^2+7$

$f(1)=1+b+7=2, b=-6$

그러므로 $f(x)=x^4-6x^2+7$

$f'(x)=4x^3-12x=4x(x^2-3)$

극솟값은 $x^2=3$일 때, $9-18+7=-2$

10

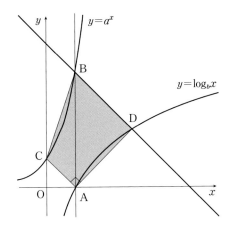

A(1, 0), B(1, a), C(0, 1)이고 직선 AD의 방정식이

$y=x-1$이므로 D(k, $k-1$) ($k>1$)로 놓을 수 있다.

이때 직선 BD의 방정식이

$y=-x+a+1$이고, 점 D를 지나므로

$1+a=k+(k-1)$ …… ㉠

또 사각형 ADBC의 넓이가 6이므로

$6=\dfrac{1}{2}\times a\times k$ …… ㉡

곡선 $y=\log_b x$가 점 D를 지나므로

$k-1=\log_b k$ …… ㉢

㉠, ㉡, ㉢을 연립하여 풀면

$k=3$, $a=4$, $b=\sqrt{3}$

$\therefore ab=4\sqrt{3}$

11

$\displaystyle\int_0^1 f(x)dx=a$ (a는 상수)라 하면 $f(x)=\dfrac{3}{4}x^2+a^2$

$a=\displaystyle\int_0^1\left(\dfrac{3}{4}x^2+a^2\right)dx=\left[\dfrac{1}{4}x^3+a^2 x\right]_0^1=a^2+\dfrac{1}{4}$

$a^2-a+\dfrac{1}{4}=\left(a-\dfrac{1}{2}\right)^2=0$, $\therefore a=\dfrac{1}{2}$

$f(x)=\dfrac{3}{4}x^2+\dfrac{1}{4}$이므로

$\displaystyle\int_0^2 f(x)dx=\int_0^2\left(\dfrac{3}{4}x^2+\dfrac{1}{4}\right)dx$

$=\left[\dfrac{1}{4}x^3+\dfrac{1}{4}x\right]_0^2=\dfrac{5}{2}$

12

삼각형 BCD의 꼭짓점 D에서 밑변 BC에 내린

수선의 발을 H라 하면

$\overline{DH}=\overline{BD}\sin(\angle DBC)$

이므로 삼각형 DHC에서

$\sin C=\dfrac{\overline{BD}\times\sin(\angle DBC)}{\overline{DC}}$

또 삼각형 ABD에서 사인법칙에 의하여

$\sin A=\dfrac{\overline{BD}\times\sin(\angle ABD)}{\overline{AD}}$

이때 $\overline{AD}:\overline{DC}=5:3$이고

$\sin(\angle ABD):\sin(\angle DBC)=5:2$이므로

$\dfrac{\sin C}{\sin A}=\dfrac{2}{5}\times\dfrac{5}{3}=\dfrac{2}{3}$

13

(가) $\dfrac{1\cdot 2}{2+1}+\dfrac{2\cdot 3}{2+2}=\dfrac{2}{3}+\dfrac{3}{2}=\dfrac{13}{6}=a$

(나) $\dfrac{m(m+1)}{2m+1}=f(m)$

(다) $\dfrac{(1+2+\cdots+m)}{2m}=\dfrac{m+1}{4}=g(m)$

$\therefore a\times f(3)\times g(3)=\dfrac{13}{6}\times\dfrac{3\times 4}{7}\times\dfrac{4}{4}=\dfrac{26}{7}$

14

$y'=2x$이므로

점 P($2a$, $4a^2$)에서의 접선은

$y=4a(x-2a)+4a^2=4ax-4a^2$

$y=0$을 대입하면 $x=a$ $\therefore$ A(a, 0)

점 A를 지나고 접선에 수직인 직선은

$y=-\dfrac{1}{4a}(x-a)=-\dfrac{1}{4a}x+\dfrac{1}{4}$

$x=0$을 대입하면 $y=\dfrac{1}{4}$ $\therefore$ B$\left(0, \dfrac{1}{4}\right)$

$\overline{OA}=a$, $\overline{OB}=\dfrac{1}{4}$, $\overline{AB}=\sqrt{a^2+\dfrac{1}{16}}$

$\triangle OAB=\dfrac{1}{2}\cdot\dfrac{1}{4}\cdot a=\dfrac{1}{8}a$

원의 반지름 $r(a)=\dfrac{2\cdot\dfrac{1}{8}a}{a+\dfrac{1}{4}+\sqrt{a^2+\dfrac{1}{16}}}$

$\therefore \displaystyle\lim_{a\to\infty}r(a)=\lim_{a\to\infty}\dfrac{\dfrac{1}{4}a}{a+\dfrac{1}{4}+\sqrt{a^2+\dfrac{1}{16}}}=\dfrac{1}{8}$

15

정답 ①

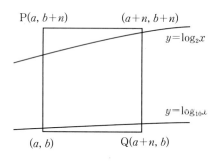

한 변의 길이가 3이거나 4인 꼭짓점의 좌표가 모두 자연수인 정사각형의 변은 그림과 같이 좌표축에 평행인 것뿐이다.

네 꼭짓점의 좌표를 그림과 같이 두면,

P는 $y=\log_2 x$ 위에, Q는 $y=\log_{16} x$ 아래에 있을 때 조건 (나)를 만족한다.

따라서 $\log_2 a < b+n$, $b < \log_{16}(a+n)$

즉, $a < 2^{b+n}$, $a+n > 2^{4b}$이므로

$2^{4b}-n < a < 2^{b+n}$이다.

(ⅰ) $n=3$이면 $2^{4b}-3 < a < 2^{b+3}$에서

　　$b=1$이면 $16-3 < a < 16$이므로 $a=14$, 15

　　$b \geq 2$이면 $2^{4b}-3 > 2^{b+3}$이므로 불가능

　　$\therefore a_3 = 2$

(ⅱ) $n=4$이면 $2^{4b}-4 < a < 2^{b+4}$에서

　　$b=1$이면 $16-4 < a < 32$이므로 $a=13, \cdots, 31$

　　$b \geq 2$이면 $2^{4b}-4 > 2^{b+4}$이므로 불가능

　　$\therefore a_4 = 19$

(ⅰ), (ⅱ)에서

$a_3 + a_4 = 2 + 19 = 21$

16

정답 375

$\sum_{n=1}^{9}(n^2+2n) = \frac{1}{6} \cdot 9 \cdot 10 \cdot 19 + 9 \cdot 10 = 375$

17

정답 13

(가)에서 $f(x)$의 이차항의 계수는 1

(나)에서 $x=1$일 때, 분모가 0이 되므로 $f(x)$는 $(x-1)$을 인수로 가진다.

$\therefore f(x)=(x-1)(x+k)$

$\lim_{x \to 1} \frac{(x-1)(x+k)}{(2x+1)(x-1)} = \lim_{x \to 1} \frac{x+k}{2x+1} = \frac{1+k}{3} = 4$ $\therefore k=11$

즉, $f(x)=(x-1)(x+11)$이므로

$f(2)=13$

18

정답 23

$n=1$일 때, 이차방정식 $f(x)=g(x)$의 두 근을 α, $\beta(\alpha < \beta)$라 하면 구하는 넓이는 $\int_0^\alpha \{f(x)-g(x)\}dx$이다.

$f(x)=g(x)$에서 $x^2-6x+7=x+1$

$x^2-7x+6=0$, 즉 $(x-1)(x-6)=0$

$\therefore \alpha=1$, $\beta=6$

따라서 구하는 넓이는

$$\int_0^1 \{f(x)-g(x)\}dx = \int_0^1 (x^2-7x+6)dx$$

$$= \left[\frac{x^3}{3} - \frac{7}{2}x^2 + 6x \right]_0^1$$

$$= \frac{1}{3} - \frac{7}{2} + 6 = \frac{17}{6}$$

즉, $p=17$, $q=6$이므로 $p+q=23$

19

정답 480

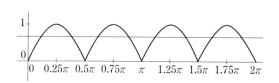

$y=|\sin nx|$의 주기는 $\frac{\pi}{n}$이고,

한 주기 구간마다 2개의 실근을 갖는다.

따라서 $a_n=4n$이고, 실근은 π에 대해 대칭이므로 $b_n=4n\pi$

$\therefore a_5 b_6 = 20 \times 24\pi = 480\pi$

$\therefore k=480$

20 정답 42

$f(x)=ax^3+bx^2+cx+d$ 라 놓자.

(가)에서 $f(-2)=12$, $-8a+4b-2c+d=12$

(나)에서 $\frac{1}{x}=t$ 라 하면 $x\to\infty$일 때

$t\to0+$이고 $xf\left(\frac{1}{x}\right)=\frac{1}{t}f(t)$이다.

$\lim_{x\to\infty}xf\left(\frac{1}{x}\right)+\lim_{x\to0}\frac{f(x+1)}{x}=\lim_{x\to0}\frac{f(x)+f(x+1)}{x}=1$

이므로 $f(0)=0$, $f(1)=0$, $f'(0)+f'(1)=1$이다.

$f'(x)=3ax^2+2bx+c$ 이므로

$f(0)=d=0$, $f(1)=a+b+c+d=0$

$f'(0)+f'(1)=c+(3a+2b+c)=1$

이상을 연립하여 풀면 $a=1$, $b=3$, $c=-4$, $d=0$

따라서 $f(x)=x^3+3x^2-4x$이므로

$f(3)=27+27-12=42$

21 정답 64

$n^{\frac{4}{k}}$의 값이 거듭제곱수가 아닌 자연수인 경우의 예로 $n=6$이라고 하면 $6^{\frac{4}{k}}$에서 $k=1$, 2, 4 인 3가지이다.

즉, n은 거듭제곱수이다.

n이 소수 m의 완전제곱수이면 $(m^2)^{\frac{4}{k}}=m^{\frac{8}{k}}$에서

k는 8의 양의 약수인 1, 2, 4, 8일 때이고 $f(n)=4$이다.

n이 세제곱수이면 $4\times3=12=2^2\times3$의 양의 약수의 개수 6

n이 네제곱수이면 $4\times4=16=2^4$의 양의 약수의 개수 5

n이 5제곱수이면 $4\times5=20=2^2\times5$의 양의 약수의 개수 6

n이 6제곱수이면 $4\times6=24=2^3\times3$의 양의 약수의 개수 8

따라서 $f(n)=8$을 만족시키는 n의 최솟값은 $2^6=64$이다.

22 정답 36

$f(x)=-3x^4+4x^3+12x^2+4$에서

$f'(x)=-12x^3+12x^2+24x=-12x(x+1)(x-2)$

도함수의 부호와 함수의 증감으로부터 $y=f(x)$의 그래프를 그리면 다음과 같다.

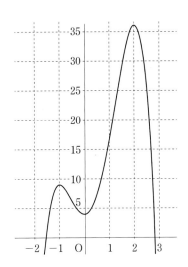

함수 $g(x)=|f(x)-a|$의 그래프는 $y=f(x)$의 그래프를 $y=a$에서 접어 올린 다음 $y=a$를 x축으로 본 그래프와 같다.

이때 $y=a$와 $y=f(x)$의 교점이 $y=f(x)$의 극점이 아니면 접힌 점은 모두 꺾이게 되어 미분가능하지 않다.

마찬가지로, $y=g(x)$에서 $y=b$에서 접어 올린 다음 $y=b$를 x축으로 본 그래프가 $y=|g(x)-b|$인데, 이것은 $y=f(x)$의 그래프를 $y=a$, $y=a+b$, $y=a-b$라는 3곳에서 접은 것과 같다.

따라서 (가)에서 $y=a+b$, $y=a-b$와 $y=f(x)$는 교점이 4개이고, (나)에서 $y=a$, $y=a+b$, $y=a-b$와 $y=f(x)$의 교점 중 4곳만 꺾어져서 미분가능하지 않은 점이라야 하고, 다른 점은 $y=f(x)$의 극점이다.

위의 결과를 다 만족하는 경우는 다음과 같은 두 가지이다.

ㄱ) 　　　　　　　　　ㄴ)

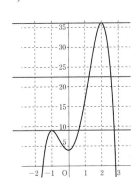 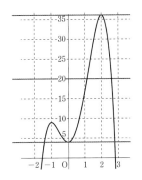

$a+b=36$, $a-b=9$　　　　$a+b=36$, $a-b=4$

$a=\dfrac{45}{2}$ ($\neq$자연수)　　$a=20$(자연수)

$b=\dfrac{27}{2}$　　　　　　　　$b=16$

$\therefore$ 성립안함　　　　　　$\therefore$ 성립함

ㄴ)에서 $a+b=36$

정답과 해설

확률과 통계

23

정답 ③

$$P(A \cap B^c) = P(A)P(B^c) = \frac{1}{3}P(B^c) = \frac{1}{5}$$

$$P(B^c) = \frac{3}{5} \quad \therefore \ P(B) = \frac{2}{5}$$

24

정답 ④

$1 \leq a \leq |b| \leq |c| \leq 7$이므로 $(a, |b|, |c|)$는 $_7H_3 = _9C_3 = 84$

따라서 $(a, b, c) = (a, \pm|b|, \pm|c|)$이므로

$4 \times 84 = 336$

25

정답 ②

$\frac{3}{4a} \times a + \frac{1}{2} \times (2-a) \times \frac{3}{4a} = 1$이므로

$\frac{3(2-a)}{8a} = \frac{1}{4}$, $3(2-a) = 2a$, $a = \frac{6}{5}$

$\therefore \ P\left(\frac{1}{2} \leq X \leq 2\right) = 1 - \frac{1}{2} \times \frac{3}{4a} = \frac{11}{16}$

26

정답 ④

이항분포 $B\left(400, \frac{4}{5}\right)$는 정규분포 $N(320, 8^2)$에 근사한다.

따라서 구하는 식의 값은

$$P(308 \leq X \leq 400) = P(-1.5 \leq Z \leq 10) = P(-1.5 \leq Z)$$
$$= 0.5 + 0.4332 = 0.9332$$

27

정답 ⑤

두 수의 합이 홀수인 경우를 표시하면

B＼A	1	2	3	4	5
6	○	×	○	×	○
7	×	○	×	○	×
8	○	×	○	×	○

따라서 구하는 확률은 $\frac{6}{8} = \frac{3}{4}$

28

정답 ②

A 상자에 흰 공 1개, 주황색 공 1개를 넣어 두고 나머지 흰 공 2개와 주황색 공 3개를 넣는 경우의 수를 구한다.

(ⅰ) A 상자에 흰 공 2개를 모두 넣은 경우

남은 주황색 3개를 3상자에 넣는 경우의 수는

$a+b+c=3$에서 $_3H_3 = _5C_3 = 10$ $\therefore \ 10$

(ⅱ) A 상자에 흰 공 1개를 넣고 남은 1개는 B 또는 C에 넣은 경우

남은 주황색 3개 중 1개는 흰 공이 들어간 B 또는 C에 넣고 나머지 2개를 3상자에 넣는 경우의 수는

$a+b+c=2$에서 $_3H_2 = _4C_2 = 6$ $\therefore \ 2 \times 6 = 12$

(ⅲ) 2개의 흰 공 2개를 모두 B 또는 C에 넣는 경우

주황색 1개를 흰 공이 들어간 B 또는 C에 넣고 나머지 2개를 3상자에 넣는 경우의 수는 6 $\therefore \ 2 \times 6 = 12$

(ⅳ) 흰 공 2개를 B와 C에 1개씩 나누어 넣은 경우

주황색 2개를 B와 C에 1개씩 넣고, 나머지 1개를 3상자에 넣는 경우의 수는 3 $\therefore \ 3$

$\therefore \ 10 + 12 + 12 + 3 = 37$

29

정답 50

ab가 홀수인 경우는

$(a, b) = (1, 1)$ 일 때,

$c+d+e=8$이므로 $_7C_2 = 21$

$(a, b) = (1, 3), (3, 1)$ 일 때,

$c+d+e=6$이므로 $2 \times _5C_2 = 20$

$(a, b) = (1, 5), (3, 3), (5, 1)$일 때,

$c+d+e=4$이므로 $3 \times _3C_2 = 9$

$\therefore \ 21 + 20 + 9 = 50$

30

정답 93

최소 4경기 이상 치러야 우승팀이 결정된다.

$\therefore P(X \leq 3) = 0$

(i) $X = 4$인 경우는 어느 한 팀이 4경기를 연달아 이기는 경우이다.

$$\therefore P(X=4) = 2 \times \left(\frac{1}{2}\right)^4 = \frac{1}{8}$$

(ii) $X = 5$인 경우는 어느 한 팀이 4경기를 치루는 동안 3승 1패를 하고 5번째 경기에서 이기는 경우이다.

$$\therefore P(X=5) = 2 \times \left\{ {}_4C_3 \left(\frac{1}{2}\right)^4 \times \frac{1}{2} \right\} = \frac{1}{4}$$

(iii) $X = 6$인 경우는 어느 한 팀이 5경기를 치루는 동안 3승 2패를 하고 6번째 경기에서 이기는 경우이다.

$$\therefore P(X=6) = 2 \times \left\{ {}_5C_3 \left(\frac{1}{2}\right)^5 \times \frac{1}{2} \right\} = \frac{5}{16}$$

(iv) $X = 7$인 경우는 두 팀이 6경기를 치루면서 3승 3패를 하는 경우이다.

$$\therefore P(X=6) = {}_6C_3 \left(\frac{1}{2}\right)^6 = \frac{5}{16}$$

(i)~(iv))에서

$$E(16X) = 16 \times E(X) = 16\left(\frac{4}{8} + \frac{5}{4} + \frac{6 \cdot 5}{16} + \frac{7 \cdot 5}{16} \right)$$
$$= 93$$

미적분

23

정답 ④

$$\lim_{x \to 0} \frac{2x \sin x}{1 - \cos x} = \lim_{x \to 0} \frac{2x \sin x (1 + \cos x)}{\sin^2 x}$$
$$= \lim_{x \to 0} \frac{2x(1 + \cos x)}{\sin x}$$
$$= 2 \times 1 \times (1+1) = 4$$

24

정답 ①

$$2x - 2y - 2x\frac{dy}{dx} + 9y^2\frac{dy}{dx} = 0$$

$$\therefore \frac{dy}{dx} = \frac{2x - 2y}{2x - 9y^2} = \frac{4+2}{4-9} = -\frac{6}{5}$$

25

정답 ②

$\tan\theta = -\frac{3}{4}$, $\tan\frac{\pi}{4} = 1$이므로

$$\tan\left(\frac{\pi}{4} + \theta\right) = \frac{1 - \frac{3}{4}}{1 + \frac{3}{4}} = \frac{1}{7}$$

26

정답 ④

$$V = \int_1^2 xe^{2x}dx = \left[\left(\frac{1}{2}x - \frac{1}{4}\right)e^{2x} \right]_1^2$$
$$= \frac{3}{4}e^4 - \frac{1}{4}e^2 = \frac{3e^4 - e^2}{4}$$

27

정답 ④

$$\lim_{n \to \infty} \sum_{k=1}^n \frac{1}{n+k} f\left(1 + \frac{k}{n}\right) = \lim_{n \to \infty} \frac{1}{n} \sum_{k=1}^n \frac{1}{1 + \frac{k}{n}} f\left(1 + \frac{k}{n}\right)$$
$$= \int_1^2 \frac{1}{x} \ln x \, dx = \left[\frac{1}{2}(\ln x)^2 \right]_1^2$$
$$= \frac{1}{2}(\ln 2)^2$$

28 정답 ①

합동인 두 삼각형 $A_1B_1M_1$과 $M_1C_1D_1$에 내접하는 원의 반지름의 길이를 r이라 하자.

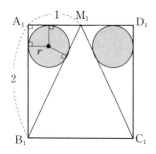

삼각형 $A_1B_1M_1$에 내접하는 원의 중심에서 모든 변에 이르는 거리는 r이므로 삼각형 $A_1B_1M_1$의 넓이는

$\frac{1}{2}\left(\overline{A_1B_1}+\overline{B_1M_1}+\overline{M_1A_1}\right)r$로 나타낼 수 있다.

그런데 삼각형 $A_1B_1M_1$는 직각삼각형이므로

$\overline{B_1M_1}=\sqrt{1^2+2^2}=\sqrt{5}$ 이고 넓이는

$\frac{1}{2}\times2\times1=1$이다.

따라서 $\frac{1}{2}\left(2+1+\sqrt{5}\right)r=1$에서

$r=\frac{2}{3+\sqrt{5}}=\frac{3-\sqrt{5}}{2}$ 이다.

$\therefore S_1=2\times\pi\left(\frac{3-\sqrt{5}}{2}\right)^2=(7-3\sqrt{5})\pi$

$\overline{A_2M_2}=a$라 하면 삼각형 $M_1A_2M_2$와 삼각형 $B_1M_1A_1$은 닮음이므로 $\overline{M_1M_2}=2a$이다.

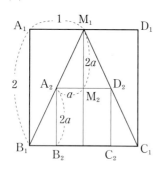

이때 $2a+2a=2$에서 $a=\frac{1}{2}$이므로

S_n은 첫째항이 $(7-3\sqrt{5})\pi$이고, 공비가

$\left(\frac{1}{2}\right)^2=\frac{1}{4}$인 등비수열의 첫째항부터 제$n$항까지의 합이다.

$\therefore \lim_{n\to\infty}S_n=\sum_{n=1}^{\infty}(7-3\sqrt{5})\pi\times\left(\frac{1}{4}\right)^{n-1}$

$=\frac{(7-3\sqrt{5})\pi}{1-\frac{1}{4}}$

$=\frac{4(7-3\sqrt{5})}{3}\pi$

29 정답 8

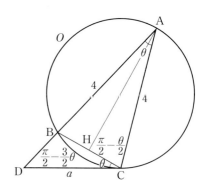

이등변삼각형 ABC에서 꼭짓점 A에서 선분 BC에 내린 수선의 발을 H라 하면

$\angle CAH=\frac{\theta}{2}$이므로

$\overline{BC}=2\times4\sin\frac{\theta}{2}=8\sin\frac{\theta}{2}$

삼각형 ACD에서 사인법칙에 의하면

$\frac{\overline{CD}}{\sin\theta}=\frac{4}{\sin\left(\frac{\pi}{2}-\frac{3}{2}\theta\right)}$, $\overline{CD}=\frac{4\sin\theta}{\cos\frac{3}{2}\theta}$

$S(\theta)=\frac{1}{2}\overline{BC}\times\overline{CD}\times\sin\theta=\frac{16\sin\frac{\theta}{2}\sin^2\theta}{\cos\frac{3}{2}\theta}$

$\therefore \lim_{\theta\to0+}\frac{S(\theta)}{\theta^3}=8$

30 정답 9

조건을 만족시키려면 점 $(a, f(a))$가 곡선 $y=f(x)$의 변곡점이어야 한다.

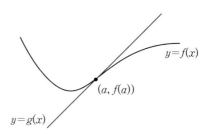

$f(x)=-xe^{2-x}$에서

$f'(x)=e^{2-x}(x-1)$

$f''(x)=e^{2-x}(2-x)$

함수 $f(x)$의 증감을 표로 나타내면 다음과 같다.

x	$\cdots$	1	$\cdots$	2	$\cdots$
$f'(x)$	$-$	0		$+$	
$f''(x)$		$+$		0	$-$
$f(x)$	$\searrow$	극소	$\nearrow$	변곡	$\curvearrowright$

따라서 함수 $y=f(x)$의 그래프는 다음과 같다.

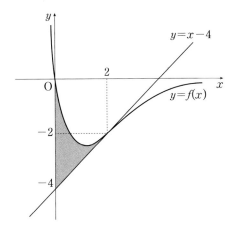

$f''(2)=0$이므로 $a=2$이고
$f'(2)=1$, $f(2)=-2$이므로 $g(x)=x-4$이다.
따라서 구하는 넓이는

$$\int_0^2 \{-xe^{2-x}-(x-4)\}dx = \left[xe^{2-x}+e^{2-x}-\frac{1}{2}x^2+4x \right]_0^2$$
$$=9-e^2$$

$\therefore k=9$

기하

23 정답 ③

$|\vec{a}|=2$, $|\vec{b}|=3$, $|3\vec{a}-2\vec{b}|=6$이므로,
$$|3\vec{a}-2\vec{b}|^2=(3\vec{a}-2\vec{b})\cdot(3\vec{a}-2\vec{b})$$
$$=9|\vec{a}|^2-12\vec{a}\cdot\vec{b}+4|\vec{b}|^2$$
$$=9\cdot4-12\vec{a}\cdot\vec{b}+4\cdot9$$
$$=36$$
$\therefore \vec{a}\cdot\vec{b}=3$

24 정답 ①

점 $(2, b)$가 쌍곡선 $7x^2-ay^2=20$ 위의 점이므로
$7\cdot2^2-ab^2=20$
$\therefore ab^2=8$ $\cdots\cdots$ ㉠
쌍곡선 $7x^2-ay^2=20$ 위의 점 $(2, b)$에서의 접선의 방정식은
$7(2x)-a(by)=20$ 즉, $14x-aby=20$
직선 $14x-aby=20$이 점 $(0, -5)$를 지나므로
$5ab=20$
$\therefore ab=4$ $\cdots\cdots$ ㉡
㉠, ㉡에서 $a=2$, $b=2$
$\therefore a+b=4$

25 정답 ④

$F(2, 0)$이므로 직선 l의 방정식은 $y=m(x-2)$
두 점 A, B의 x좌표를 각각 α, β라 하면 α, β는
직선 $y=m(x-2)$과 포물선 $y^2=8x$와의 교점의 x좌표이므로
방정식 $m^2(x-2)^2=8x$의 두 근이다.
또한, 포물선의 준선의 방정식이 $x=-2$이므로
$\overline{AF}=\alpha+2$, $\overline{BF}=\beta+2$
$\overline{AB}=\overline{AF}+\overline{BF}=\alpha+\beta+4$이므로
$\overline{AB}=14$에서 $\alpha+\beta+4=14$
$\therefore \alpha+\beta=10$ $\cdots\cdots$ ㉠

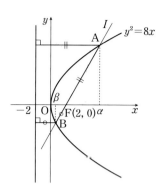

$m^2(x-2)^2=8x$에서

$m^2x^2-4(m^2+2)x+4m^2=0$

위의 이차방정식의 두 근이 α, β이므로 근과 계수와의 관계에 의하여

$\alpha+\beta=\dfrac{4(m^2+2)}{m^2}$ ...... ㉡

㉠, ㉡에서

$\dfrac{4(m^2+2)}{m^2}=10$, $m^2=\dfrac{4}{3}$

$\therefore m=\dfrac{2\sqrt{3}}{3}$ ($\because m>0$)

26 　　　　　　　　　　정답 ④

평면 ABC의 x, y, z절편이 각각 2, 2, 4이므로

평면 ABC의 방정식은 $\dfrac{x}{2}+\dfrac{y}{2}+\dfrac{z}{4}=1$

즉, $2x+2y+z-4=0$이다.

따라서 $\overline{\mathrm{DH}}$는 점 D에서 평면 $2x+2y+z-4=0$에 이르는 거리이므로

$\overline{\mathrm{DH}}=\dfrac{|2\cdot2+2\cdot2+1\cdot4-4|}{\sqrt{2^2+2^2+1}}=\dfrac{8}{3}$

27 　　　　　　　　　　정답 ⑤

반구의 밑면의 넓이를 S라고 하면

$S_1=S\dfrac{1}{\cos\theta}$이고 $S_2=\dfrac{1}{2}S\dfrac{1}{\sin\theta}$이다.

$S_1:S_2=3:2$이므로 $\dfrac{4}{\cos\theta}=\dfrac{3}{\sin\theta}$

$\therefore \tan\theta=\dfrac{3}{4}$

28 　　　　　　　　　　정답 ④

점 Q의 좌표를 (x, y)라 하면

$\overrightarrow{\mathrm{OA}}\cdot\overrightarrow{\mathrm{PQ}}=(0, 12)\cdot(x, y-t)=12(y-t)=0$

$\therefore y=t$

$\dfrac{t}{3}\leq\sqrt{x^2+(y-t)^2}\leq\dfrac{t}{2}$

따라서 $y=t$, $\dfrac{t}{3}\leq|x|\leq\dfrac{t}{2}$, $6\leq t\leq12$

즉 $2|x|\leq y\leq3|x|$, $6\leq y\leq12$

이것을 좌표평면에 나타내면 아래 그림과 같다.

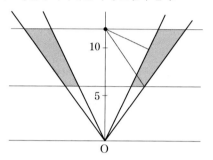

따라서 구하려는 최솟값은 A(0, 12)에서 직선

$y=3x$에 이르는 거리 $m=\dfrac{12}{\sqrt{10}}$

최댓값은 A(0, 12)와 Q(3, 6)사이의 거리이므로

$M=\sqrt{9+36}=3\sqrt{5}$

$\therefore Mm=\dfrac{12}{\sqrt{10}}\times3\sqrt{5}=18\sqrt{2}$

29 　　　　　　　　　　정답 128

두 포물선은 꼭지점으로부터 준선까지의 거리가 각각 2이면서 각각 x축으로 2, -2 만큼 평행이동한 포물선의 방정식이므로, 포물선의 방정식은 각각 $y^2=-8(x+2)$, $y^2=8(x-2)$가 된다.

이 때, 이 두 포물선에 동시에 접하는 직선의 기울기를 m이라 두면, 첫 번째 포물선의 방정식에서의 기울기가 m인 직선의 방정식은

$y=m(x+2)-\dfrac{2}{m}=mx+2m-\dfrac{2}{m}$

두 번째 포물선의 방정식은

$y=m(x-2)+\dfrac{2}{m}=mx-2m+\dfrac{2}{m}$

이 두 접선의 방정식이 일치해야 하므로

$-2m+\dfrac{2}{m}=2m-\dfrac{2}{m}$

$4m=\dfrac{4}{m}$ $\therefore m=1(\because m>0)$

주어진 식에 $m=1$을 대입하면 $y=x$

이 때, $y=x$와 두 포물선과의 교점의 좌표를 연립해서 구하면

$(-4,-4), (4,4)$

따라서 두 점 사이의 거리가 $d=\sqrt{8^2+8^2}=\sqrt{128}$ 이므로

$\therefore d^2=128$

30 정답 80

점 X에서 직선 CD에 내린 수선의 발을 H라 하면

$\overrightarrow{CX}=\overrightarrow{CH}+\overrightarrow{HX}$

$\overrightarrow{AB}\cdot\overrightarrow{CX}=\overrightarrow{AB}\cdot(\overrightarrow{CH}+\overrightarrow{HX})$

$\qquad =\overrightarrow{AB}\cdot\overrightarrow{CH} \ (\because \overrightarrow{AB}\perp\overrightarrow{HX})$

점 H는 다음 그림의 선분 DE 위에 존재한다.

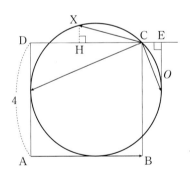

(ⅰ) 점 H가 점 C의 왼쪽에 위치하는 경우

$\overrightarrow{AB}$와 $\overrightarrow{CH}$의 방향은 서로 반대이다.

따라서 $\overrightarrow{AB}\cdot\overrightarrow{CH}=-\overline{AB}\times\overline{CH}$

(ⅱ) 점 H가 점 C인 경우

$\overrightarrow{CH}=0$이므로 $\overrightarrow{AB}\cdot\overrightarrow{CH}=0$

(ⅲ) 점 H가 점 B의 오른쪽에 위치하는 경우

$\overrightarrow{AB}$와 $\overrightarrow{CH}$의 방향이 같으므로

$\overrightarrow{AB}\cdot\overrightarrow{CH}=\overline{AB}\times\overline{CH}$

(ⅰ), (ⅱ), (ⅲ)에서 점 H가 점 E와 일치할 때,

$\overrightarrow{AB}\cdot\overrightarrow{CH}$는 최댓값 $\overline{AB}\times\overline{CE}=4\overline{CE}$를 갖는다.

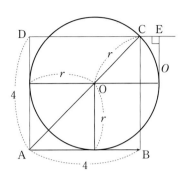

원의 중심을 O, 반지름을 r이라 하면

$\overline{AC}=\overline{AO}+\overline{OC}=(\sqrt{2}+1)r$

사각형 ABCD가 한 변의 길이가 4인 정사각형이므로

$\overline{AC}=4\sqrt{2}$ 이다.

따라서 $(\sqrt{2}+1)r=4\sqrt{2}$ 에서

$r=\dfrac{4\sqrt{2}}{\sqrt{2}+1}=8-4\sqrt{2}$

따라서 $\overline{CE}=2r-4=12-8\sqrt{2}$ 이다.

따라서 $\overrightarrow{AB}\cdot\overrightarrow{CX}$의 최댓값은

$4(12-8\sqrt{2})=48-32\sqrt{2}$ 이다.

$\therefore a=48, b=32$

$\therefore a+b=80$

정답과 해설

제5회 사다리 실전모의고사 정답과 해설

제○교시		수학 영역				
공통 과목	수학1 수학2	01 ④	02 ⑤	03 ①	04 ③	05 ③
		06 ③	07 ①	08 ③	09 ④	10 ③
		11 ⑤	12 ①	13 ②	14 ④	15 ⑤
		16 24	17 150	18 3	19 130	20 128
		21 160	22 32			
선택 과목	확통	23 ④	24 ④	25 ③	26 ①	27 ②
		28 ⑤	29 14	30 78		
	미적	23 ③	24 ⑤	25 ③	26 ②	27 ①
		28 ②	29 20	30 10		
	기하	23 ③	24 ③	25 ④	26 ⑤	27 ②
		28 ④	29 72	30 16		

수학 1, 2

정답 ④

5개의 실수 $1, p, q, r, s$가 이 순서대로 등차수열을 이루므로

$r-1=s-p=9$

$\therefore r=10$

정답 ⑤

$\log_3 x=t$라 하면 $\log_{27} x=\dfrac{1}{3}t$이므로

(좌변)$=\log_3(\log_{27} x)=\log_3\left(\dfrac{1}{3}t\right)=\log_{27}\left(\dfrac{1}{3}t\right)^3$

(우변)$=\log_{27} t$

$\therefore \dfrac{1}{27}t^3=t,\ t^2=27$

03 **정답 ①**

$f(x)=-x^2+4,\ g(x)=2x^2+ax+b$라 하자.

(i) $y=g(x)$의 그래프가 A(2, 0)을 지나므로

$g(2)=8+2a+b=0$

$\therefore 2a+b=-8 \ \cdots\cdots \ \bigcirc$

(ii) 두 함수 $y=f(x),\ y=g(x)$의 그래프가 A(2, 0)에서 접하므로

$f'(2)=g'(2)$

$f'(x)=-2x,\ g'(x)=4x+a$이므로

$(-2)\cdot 2=4\cdot 2+a$

$\therefore a=-12 \ \cdots\cdots \ \bigcirc$

$\bigcirc,\ \bigcirc$에서 $b=16$

$\therefore a+b=4$

04 **정답 ③**

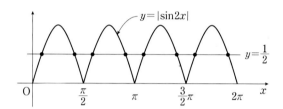

$y=|\sin 2x|$의 그래프는 위의 그림과 같으므로

방정식 $|\sin 2x|=\dfrac{1}{2}$의 모든 실근의 합은

$\dfrac{\pi}{2}+\dfrac{3}{2}\pi+\dfrac{5}{2}\pi+\dfrac{7}{2}\pi=8\pi$

05 **정답 ③**

$\displaystyle\lim_{x\to 2}\dfrac{f(x)+1}{x-2}=3$에서 $f(2)=-1,\ f'(2)=3$이고

$\displaystyle\lim_{x\to 2}\dfrac{g(x)-3}{x-2}=1$에서 $g(2)=3,\ g'(2)=1$이다.

$h(x)=f(x)g(x)$라 하면

$h'(x)=f'(x)g(x)+f(x)g'(x)$이므로

$\displaystyle\lim_{x\to 2}\dfrac{f(x)g(x)-f(2)g(2)}{x-2}=\lim_{x\to 2}\dfrac{h(x)-h(2)}{x-2}=h'(2)$

$\qquad =f'(2)\,g(2)+f(2)g'(2)$

$\qquad =3\cdot 3+(-1)\cdot 1$

$\qquad =8$

06 정답 ③

$f(2)=0$, $f(4)=0$이므로 다항식 $g(x)$에 대하여

$f(x)=(x-2)(x-4)g(x)$

$\displaystyle\lim_{x\to2}\frac{f(x)}{x-2}=4$에서 $g(2)=-2$

$\displaystyle\lim_{x\to4}\frac{f(x)}{x-4}=2$에서 $g(4)=1$

이때 $g(2)\cdot g(4)<0$이므로 방정식 $g(x)=0$는 구간 $[2,4]$에서 적어도 한개의 실근을 갖는다.

한편 $x=2$, $x=4$는 방정식 $f(x)=0$의 실근이므로 구간 $[2,4]$에서 방정식 $f(x)=0$은 적어도 3개의 실근을 갖는다.

$\therefore m=3$

07 정답 ①

$a^x=t$라 하면 $\dfrac{1}{a}\le t\le a$이고

$f(x)=t^2+4t-2=(t+2)^2-6$

$t=a$일 때 최댓값 $a^2+4a-2=10$이므로 $a=2$

최솟값은 $t=\dfrac{1}{a}=\dfrac{1}{2}$일 때 $\dfrac{1}{4}+2-2=\dfrac{1}{4}$

08 정답 ③

조건 (나)의 식에 y 대신 0을 대입하면

$f(x)=f(x)+f(0)-3$

$\therefore f(0)=3$

도함수의 정의에 의하여

$f'(x)=\displaystyle\lim_{h\to0}\frac{f(x+h)-f(x)}{h}$

$\quad=\displaystyle\lim_{h\to0}\frac{f(x)+f(h)+xh(x+h)-3-f(x)}{h}$

$\quad=\displaystyle\lim_{h\to0}\left(\frac{f(h)-3}{h}+x(x+h)\right)$

$\therefore f'(x)=x^2+f'(0)$ $\left(\because f(0)=3,\ \displaystyle\lim_{h\to0}x(x+h)=x^2\right)$

문제에서 $f'(1)=2$이므로 대입하면

$f'(1)=1+f'(0)=2$에서 $\therefore f'(0)=1$

$\therefore f'(x)=x^2+1$

이 식을 적분하면

$f(x)=\dfrac{1}{3}x^3+x+3$ $(\because f(0)=3)$

$\therefore f(3)=\dfrac{1}{3}\cdot3^3+3+3=15$

09 정답 ④

$\displaystyle\int_0^x(x-t)^2f'(t)dt$

$=x^2\displaystyle\int_0^x f'(t)dt-2x\int_0^x tf'(t)dt+\int_0^x t^2f'(t)dt$

$=\dfrac{3}{4}x^4-2x^3$

양변을 x에 대하여 두 번 미분하면

$2\displaystyle\int_0^x f'(t)dt=9x^2-12x$

$2\{f(x)-f(0)\}=9x^2-12x$

$f(x)=\dfrac{9}{2}x^2-6x+1$

$\therefore \displaystyle\int_0^1 f(x)dx=\left[\dfrac{3}{2}x^3-3x^2+x\right]_0^1=-\dfrac{1}{2}$

10 정답 ③

점 C의 좌표는 $(1,0)$이고

$a>1$이면 $\mathrm{A}\left(\dfrac{1}{a},1\right)$, $\mathrm{B}(a,1)$

$0<a<1$이면 $\mathrm{A}(a,1)$, $\mathrm{B}\left(\dfrac{1}{a},1\right)$

두 직선 AC와 BC가 서로 수직이므로

$\dfrac{1}{\dfrac{1}{a}-1}\times\dfrac{1}{a-1}=-1$

정리하면 $a^2-3a+1=0$

따라서 a의 값의 합은 3이다.

11 정답 ⑤

곡선 $y=f(x)$와 직선 $y=g(x)$가 만나는 두 점의 x좌표를 α_n, β_n $(\alpha_n<\beta_n)$이라 하면 직선 $y=g(x)$의 기울기가 1이므로 두 점 사이의 거리는 $\sqrt{2}(\beta_n-\alpha_n)$이다.

이때 α_n, β_n은 방정식 $x^2-7x+7-n=0$의 두 근이므로 근과 계수와의 관계에 의하여

$\alpha_n+\beta_n=7$, $\alpha_n\beta_n=7-n$이다.

$\therefore a_n^2=\{\sqrt{2}(\beta_n-\alpha_n)\}^2$

$\quad=2\{(\alpha_n+\beta_n)^2-4\alpha_n\beta_n\}$

$\quad=2\{7^2-4(7-n)\}$

$\quad=8n+42$

$\therefore \displaystyle\sum_{n=1}^{10}a_n^2=\sum_{n=1}^{10}(8n+42)$

$\quad=8\cdot\dfrac{10\cdot11}{2}+10\cdot42$

$\quad=860$

12

정답 ①

점 B_n이 직선 $x=a_n$과 $y=b_n x$의 교점이므로

$\overline{A_n B_n}=a_n b_n$이고

$$\overline{OB_n}=\sqrt{\overline{OA_n}^2+\overline{A_n B_n}^2}$$
$$=\sqrt{(a_n)^2+(a_n b_n)^2}$$
$$=a_n\sqrt{\boxed{1}+b_n^2}$$

$\therefore$ (가)$=p=1$

원 T_n이 x축에 접하므로 $\overline{A_n C_n}=r_n$이다.

$$\overline{OD_n}=\overline{OB_n}+\overline{B_n D_n}$$
$$=\overline{OB_n}+\overline{B_n C_n}$$
$$=\overline{OB_n}+(\overline{A_n B_n}-\overline{A_n C_n})$$
$$=a_n\sqrt{\boxed{1}+b_n^2}+a_n b_n-r_n$$

$\overline{OE_n}=a_n+r_n,\ \overline{OD_n}=\overline{OE_n}$이므로

$a_n\sqrt{1+b_n^2}+a_n b_n-r_n=a_n+r_n$

$$\therefore r_n=\frac{a_n(b_n-1+\sqrt{1+b_n^2})}{2}$$

$$\therefore a_{n+1}=a_n+2r_n$$
$$=(b_n+\sqrt{1+b_n^2})\times a_n$$

그런데 $b_n=\frac{1}{2}\left(n+1-\frac{1}{n+1}\right)$이므로

$$\sqrt{1+b_n^2}=\frac{1}{2}\left(n+1+\frac{1}{n+1}\right)$$

$\therefore b_n+\sqrt{1+b_n^2}=n+1$

$$\therefore a_{n+1}=(b_n+\sqrt{1+b_n^2})\times a_n$$
$$=(\boxed{n+1})\times a_n\ (n\geq1)$$

$\therefore$ (나)$=f(n)=n$

이때 $a_1=2$이고

$$a_n=\boxed{n}\times a_{n-1}$$
$$=\boxed{n(n-1)}\times a_{n-2}$$
$$\vdots$$
$$=\boxed{n(n-1)(n-2)\times\cdots\times2}\times a_1$$

이므로

$a_n=\boxed{2n!}$

$\therefore$ (다)$=g(n)=2n!$

$\therefore p+f(4)+g(4)=1+5+48=54$

13

정답 ②

ㄱ. $\lim\limits_{x\to1}\{f(x)+g(x)\}=2+0=2$이고

$f(1)+g(1)=0+2=2$이므로

$\lim\limits_{x\to1}\{f(x)+g(x)\}=f(1)+g(1)$

따라서 함수 $f(x)+g(x)$는 $x=1$에서 연속이다. (참)

ㄴ. $\lim\limits_{x\to1}f(x)g(x)=2\times0=0$이고

$f(1)g(1)=0\times2=0$이므로

$\lim\limits_{x\to1}f(x)g(x)=f(1)g(1)$

따라서 함수 $f(x)g(x)$는 $x=1$에서 연속이다. (참)

ㄷ. 함수 $\dfrac{f(x)+ax}{g(x)+bx}$가 $x=1$에서 연속이면

$\lim\limits_{x\to1}\dfrac{f(x)+ax}{g(x)+bx}=\dfrac{2+a}{b}\ (b\neq0)$이고

$\dfrac{f(1)+a}{g(1)+b}=\dfrac{a}{(2+b)}\ (b\neq-2)$이므로

$\dfrac{2+a}{b}=\dfrac{a}{2+b}$에서 $4+2a+2b+ab=ab$

$\therefore a+b=-2$ (거짓)

따라서 옳은 것은 ㄱ, ㄴ이다.

14

정답 ④

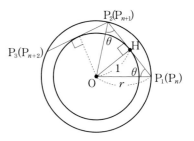

그림에서 $\angle OP_1H=\theta$라고 하면

$\angle P_n P_{n+1} P_{n+2}=2\theta$, $\sin\theta=\dfrac{\overline{OH}}{\overline{OP_1}}=\dfrac{1}{r}$이다.

ㄱ. $r>\sqrt{2}$이면 $\sin\theta=\dfrac{1}{r}<\dfrac{1}{\sqrt{2}}$이므로 $\theta<45°$

$\therefore \angle P_1 P_2 P_3=2\theta<90°$ (참)

ㄴ. $r=\dfrac{2\sqrt{3}}{3}$이면 $\sin\theta=\dfrac{1}{r}=\dfrac{\sqrt{3}}{2}$에서

$\theta=60°$이므로

$\angle OP_n P_{n+1}=60°$, $\angle P_n P_{n+1} P_{n+2}=120°$이다.

따라서 $r=\dfrac{2\sqrt{3}}{3}$이면 한 내각의 크기가 $120°$이므로 정육각형이 된다.

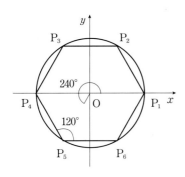

그러므로 그림에서와 같이 P_5의 좌표는 P_2의 좌표의 원점 대칭이다.

즉, $P_2(x,\ y)=\left(\dfrac{2\sqrt{3}}{3}\cos 60°,\ \dfrac{2\sqrt{3}}{3}\sin 60°\right)=\left(\dfrac{\sqrt{3}}{3},\ 1\right)$

이므로

$P_5\left(-\dfrac{\sqrt{3}}{3},\ -1\right)$ (거짓)

ㄷ. $\angle P_1P_2P_3=100°$이면 $\angle P_nOP_{n+1}=80°$이다.

따라서 $80×n=360×m$인 최소의 양의 정수 $m,\ n$은 각각 $n=9,\ m=2$이다.

그러므로 $P_1=P_{10}$이다. (참)

따라서 옳은 것은 ㄱ, ㄷ이다.

---

15   정답 ⑤

ㄱ. $(-1,\ -27),\ (1,\ -1)$으로부터

$m=\dfrac{-1-(-27)}{1-(-1)}=13$

ㄴ. $x=a$에서의 접선이 점 $(-a,\ (-a-2)^3)$을 지날 때이므로

$f'(x)=3(x-2)^2$에서 $m=f'(a)=3(a-2)^2$

$y=3(a-2)^2(x-a)+(a-2)^3$

점 $(-a,\ (-a-2)^3)$을 대입하면

$-(a+2)^3=-6a(a-2)^2+(a-2)^3,\ 4a^3-24a^2=0$

$\therefore\ a=6\ (\because\ a>0)$

따라서 $m=3\cdot 4^2=48$이다. (참)

ㄷ. $x=a$에서 접선의 방정식은 $y=f'(a)\,(x-a)+f(a)$이고,

$x=-a$에서 $y=f(a)-2af'(a)$이다.

$y=mx+n$에서 $x=-a$이면 $y=n-ma$이다.

$f(a)-2af'(a)>n-ma$를 만족시키려면 ㄴ의 결과에서

$0<a<6$이므로 자연수 a의 개수는 5이다. (참)

따라서 옳은 것은 ㄱ, ㄴ, ㄷ이다.

---

16   정답 24

공차를 d라고 하면

$a_4+a_5=(a_2+2d)+(a_2+3d)=14+2d+14+3d$

$\qquad\qquad =28+5d=23,\ d=-1$

따라서 $a_8=a_2+6d=14-6=8$

$\therefore\ a_7+a_8+a_{10}=3a_8=24$

---

17   정답 150

$12^{\frac{2a+b}{1-a}}=\left(\dfrac{60}{5}\right)^{\frac{2a+b}{1-a}}=60^{\frac{2a+b}{1-a}}5^{\frac{2a+b}{a-1}}$

$\qquad =60^{\frac{2a+b}{1-a}}(60^a)^{\frac{2a+b}{a-1}}=60^{\frac{2a+b}{1-a}}60^{\frac{a(2a+b)}{a-1}}$

$\qquad =(60^{2a+b})^{\frac{1}{1-a}+\frac{a}{a-1}}=(60^{2a+b})^{\frac{a-1}{a-1}}$

$\qquad =60^{2a+b}=(60^a)^2\cdot 60^b$

$\qquad =25\cdot 6=150\ (\because\ 60^a=5,60^b=6)$

---

18   정답 3

$\displaystyle\lim_{x\to\infty}\left(\sqrt{x^4+2x^3+1}-x^2\right)\left(\sqrt{x^2+6}-x\right)$

$=\displaystyle\lim_{x\to\infty}\left(\dfrac{2x^3+1}{\sqrt{x^4+2x^3+1}+x^2}\cdot\dfrac{6}{\sqrt{x^2+6}+x}\right)$

$=\displaystyle\lim_{x\to\infty}\left(\dfrac{2+\dfrac{1}{x^3}}{\sqrt{1+\dfrac{2}{x}+\dfrac{1}{x^4}}+1}\cdot\dfrac{6}{\sqrt{1+\dfrac{6}{x^2}}+1}\right)$

$=\dfrac{2+0}{\sqrt{1+0+0}+1}\cdot\dfrac{6}{\sqrt{1+0}+1}=3$

---

19   정답 130

$0\le t\le 10$에서의 평균속도는

$\dfrac{f(10)-f(0)}{10-0}=\dfrac{1280}{10}=128$

$f'(t)=3t^2+6t-2$이므로

$t=c$에서의 순간속도는 $f'(c)=3c^2+6c-2$

$3c^2+6c-2=128$에서

$3c^2+6c=130$

20 정답 128

(가)로부터

$f(x)=(x-2)^2(x-c)$

$\quad =x^3-(4+c)x^2+(4+4c)x-4c$

(나)에서

$f'(x)=3x^2-2(4+c)x+(4+4c)\geq -3$

$3x^2-2(4+c)x+(7+4c)\geq 0$

$\dfrac{D}{4}=(4+c)^2-3(7+4c)=c^2-4c-5$

$\quad =(c-5)(c+1)\leq 0,\ -1\leq c\leq 5$

$f(6)=16(6-c)$의 최대와 최소는 각각

$c=-1,\ c=5$일 때이므로

$16(6+1)+16(6-5)=128$

21 정답 160

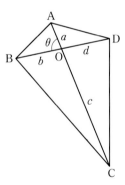

그림에서 $\overline{AO}=a,\ \overline{BO}=b,\ \overline{CO}=c,\ \overline{DO}=d$라 하고, $\angle AOB=\theta$라 하면 주어진 조건에 의하여

$\dfrac{1}{2}ab\sin\theta=10,\ \dfrac{1}{2}cd\sin\theta=90$

사각형의 넓이를 S라 하면

$S=100+\dfrac{1}{2}ad\sin\theta+\dfrac{1}{2}bc\sin\theta$

$\quad =100+\dfrac{1}{2}ad\times\dfrac{20}{ab}+\dfrac{1}{2}bc\times\dfrac{180}{cd}$

$\quad =100+\dfrac{10d}{b}+\dfrac{90b}{d}$

$\quad \geq 100+2\sqrt{\dfrac{10d}{b}\times\dfrac{90b}{d}}$

$\quad =100+60=160$

따라서 S의 최솟값은 160이다.

22 정답 32

직선 l의 방정식을 $y=g(x)$라 하자. (단, $g(x)$는 일차 이하의 다항식)

직선 l과 곡선 $y=f(x)$가 서로 다른 두 점에서 접하므로

이 두 점의 x좌표를 $\alpha,\ \beta(\alpha<\beta)$라 하면

$f(x)-g(x)=(x-\alpha)^2(x-\beta)^2$이 성립한다.

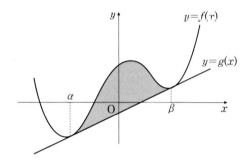

그런데 $g(x)$는 1차 이하의 다항식이므로

다항식 $f(x)-g(x)$의 x^3과 x^2항의 계수는 $f(x)$와 같다.

$f(x)-g(x)$의 x^3의 계수는 0이므로

근과 계수와의 관계에서

방정식 $f(x)-g(x)=0$의 중근을 포함한 모든 근의 합은

$2(\alpha+\beta)=0$이다.

$\therefore \beta=-\alpha$

$f(x)-g(x)=(x-\alpha)^2(x+\alpha)^2=(x^2-\alpha^2)^2$

$\qquad\qquad =x^4-2\alpha^2x^2+\alpha^4$

$f(x)-g(x)$의 x^2의 계수는 -2이므로

$-2\alpha^2=-2$

$\therefore \alpha=-1,\ \beta=1\ (\because \alpha<\beta)$

즉 $f(x)-g(x)=x^4-2x^2+1$이므로

$A=\displaystyle\int_{-1}^{1}\{f(x)-g(x)\}dx$

$\quad =\displaystyle\int_{-1}^{1}(x^4-2x^2+1)dx$

$\quad =2\left[\dfrac{x^5}{5}-\dfrac{2}{3}x^3+x\right]_0^1=\dfrac{16}{15}$

$\therefore 30A=32$

확률과 통계

23
정답 ④

$P(A) = P(A \cup B) - P(A^c \cap B) = \frac{5}{6} - \frac{1}{3} = \frac{1}{2}$

두 사건 A, B가 서로 독립이므로

$P(A \cap B) = P(A)P(B) = \frac{1}{2}P(B)$

$P(A \cup B) = P(A) + P(B) - P(A \cap B)$

$\qquad = \frac{1}{2} + P(B) - \frac{1}{2}P(B) = \frac{5}{6}$

$\therefore P(B) = \frac{2}{3}$

24
정답 ④

파란 공 2개와 노란 공 2개를 먼저 나열한 후 양 끝과 사이 5곳
중 3곳을 택하여 빨간 공을 배치한다.

$\therefore \frac{4!}{2!2!} \times {}_5C_3 = 60$

25
정답 ③

확률밀도함수의 정의와 삼각형의 닮음으로부터

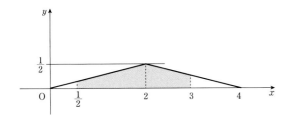

$P\left(0 \le X \le \frac{1}{2}\right) = \left(\frac{1}{4}\right)^2 P(0 \le X \le 2)$

$\qquad = \frac{1}{16} \times \frac{1}{2} = \frac{1}{32}$

$P(3 \le X \le 4) = \left(\frac{1}{2}\right)^2 P(2 \le X \le 4) = \frac{1}{4} \times \frac{1}{2} = \frac{1}{8}$

$\therefore P\left(\frac{1}{2} \le X \le 3\right) = 1 - \frac{1}{32} - \frac{1}{8} = \frac{27}{32}$

26
정답 ①

흰 공이 나올 확률은 $\frac{2}{3}$, 검은 공이 나올 확률은 $\frac{1}{3}$

점수의 합이 7이려면 $2 \times 2 + 3 \times 1 = 7$이므로

5번 중 흰 공이 3번, 검은 공이 2번 뽑혀야 한다.

$\therefore {}_5C_3 \left(\frac{2}{3}\right)^3 \left(\frac{1}{3}\right)^2 = \frac{80}{243}$

27
정답 ②

표본평균 $\bar{x} = \frac{216}{36} = 6$이므로

$a = 6 - 1.96 \times \frac{\sigma}{6}$, $a + 0.98 = 6 + 1.96 \times \frac{\sigma}{6}$

연립하여 풀면 $a = 5.51$, $\sigma = 1.5$

$\therefore a + \sigma = 7.01$

28
정답 ⑤

$\frac{k-10}{5} = \left| \frac{k-m}{5} \right|$이고 $m \ne 10$이므로 $2k = m + 10$이다.

$\therefore P(Y \le 2k) = P(Y \le m+10) = P(Z \le 2) = 0.9772$

29
정답 14

㉠, ㉡ 버튼의 사용횟수를 각각 a, b라 하면

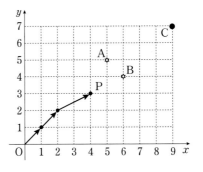

$O \rightarrow C : a + 2b = 9$, $a + b = 7$이므로

$\qquad a = 5$, $b = 2$ …… $\frac{7!}{5!2!} = 21$가지

$O \rightarrow A \rightarrow C : a + 2b = 5$, $a + b = 5$

$\qquad a = 5$, $b = 0$ …… 1 가지

$O \rightarrow B \rightarrow C : a + 2b = 6$, $a + b = 4$

$\qquad a = 2$, $b = 2$ …… $\frac{4!}{2!2!} = 6$ 가지

$\therefore 21 - (1+6) = 14$

30

정답 78

앞면이 보이도록 바닥에 놓여 있는 동전의 개수가 a, 뒷면이 보이도록 바닥에 놓여 있는 동전의 개수가 b일 때, (a, b)로 나타내기로 하면 최초의 상태는 $(2, 3)$이고 3번의 시행의 결과도 $(2, 3)$이다.

가능한 경우를 표를 이용하여 나타내면 다음과 같다.

	시행		시행		시행	9	10
				$(2, 3)$			(i)
	$\Rightarrow$	$(2, 3)$	$\Rightarrow$	$(0, 5)$	$\Rightarrow$		(ii)
				$(4, 1)$			(iii)
$(2, 3)$						$(2, 3)$	
	$\Rightarrow$	$(0, 5)$	$\Rightarrow$	$(2, 3)$	$\Rightarrow$		(iv)
				$(2, 3)$			(v)
	$\Rightarrow$	$(4, 1)$	$\Rightarrow$	$(4, 1)$	$\Rightarrow$		(vi)

(i)의 확률은

$$\frac{{}_2C_1\times{}_3C_1}{{}_5C_2}\times\frac{{}_2C_1\times{}_3C_1}{{}_5C_2}\times\frac{{}_2C_1\times{}_3C_1}{{}_5C_2}=\frac{27}{125}$$

(ii)의 확률은

$$\frac{{}_2C_1\times{}_3C_1}{{}_5C_2}\times\frac{{}_2C_2}{{}_5C_2}\times1=\frac{3}{50}$$

(iii)의 확률은

$$\frac{{}_2C_1\times{}_3C_1}{{}_5C_2}\times\frac{{}_3C_2}{{}_5C_2}\times\frac{{}_4C_2}{{}_5C_2}=\frac{27}{250}$$

(iv)의 확률은

$$\frac{{}_2C_2}{{}_5C_2}\times1\times\frac{{}_2C_1\times{}_3C_1}{{}_5C_2}=\frac{3}{50}$$

(v)의 확률은

$$\frac{{}_3C_2}{{}_5C_2}\times\frac{{}_4C_2}{{}_5C_2}\times\frac{{}_2C_1\times{}_3C_1}{{}_5C_2}=\frac{27}{250}$$

(vi)의 확률은

$$\frac{{}_3C_2}{{}_5C_2}\times\frac{{}_1C_1\times{}_4C_1}{{}_5C_2}\times\frac{{}_4C_2}{{}_5C_2}=\frac{18}{250}$$

(i)~(vi)에서

$$p=\frac{27}{125}+\frac{3}{50}+\frac{27}{250}+\frac{3}{50}+\frac{27}{250}+\frac{18}{250}=\frac{78}{125}$$

$$\therefore 125p=78$$

미적분

23

정답 ③

$f'(x)=2xe^{x-1}+x^2e^{x-1}$이므로

$f'(1)=3$

24

정답 ⑤

$1+2\ln x=t$로 치환하면 $\dfrac{2}{x}dx=dt$

$$\int_1^{e^2}\frac{f(1+2\ln x)}{x}dx=\frac{1}{2}\int_1^5 f(t)dt=5$$

$$\therefore \int_1^5 f(x)dx=10$$

25

정답 ②

$\displaystyle\lim_{x\to\infty}\left\{f(x)\ln\left(1+\frac{1}{2x}\right)\right\}=\lim_{x\to\infty}\left\{\frac{f(x)}{2x}\ln\left(1+\frac{1}{2x}\right)^{2x}\right\}=4$에서

$\displaystyle\lim_{x\to\infty}\ln\left(1+\frac{1}{2x}\right)^{2x}=1$이므로 $\displaystyle\lim_{x\to\infty}\frac{f(x)}{2x}=4$이다.

$$\therefore \lim_{x\to\infty}\frac{f(x)}{x-3}=\lim_{x\to\infty}\left(\frac{f(x)}{2x}\times\frac{2x}{x-3}\right)=8$$

26

정답 ②

$a_1=S_1=\dfrac{2}{3}$

$n\geq2$일 때,

$$a_{2n-1}=S_{2n-1}-S_{2n-2}=\frac{2}{n+2}-\frac{2}{n}$$

$$\therefore \sum_{n=1}^{\infty}a_{2n-1}=a_1+\sum_{n=2}^{\infty}a_{2n-1}$$

$$=a_1+\lim_{n\to\infty}\sum_{k=2}^{n}\left(\frac{2}{k+2}-\frac{2}{k}\right)$$

$$=\frac{2}{3}+\lim_{n\to\infty}\left(\frac{2}{n+2}+\frac{2}{n+1}-1-\frac{2}{3}\right)$$

$$=-1$$

27 정답 ①

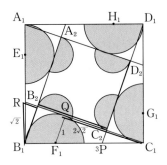

위의 그림에서 직선 D_1C_2와 선분 B_1C_1이 만나는 점을 P, 점 F_1에서 선분 C_1B_2에 내린 수선의 발을 Q, 직선 C_1B_2와 선분 A_1B_1이 만나는 점을 R라 하면

$$\overline{C_1Q} = \sqrt{3^2-1} = 2\sqrt{2}$$

삼각형 C_1QF_1과 삼각형 $C_1B_2B_1$이 닮음이므로

$$3:1 = 4:\overline{B_1B_2} \quad \therefore \overline{B_1B_2} = \frac{4}{3}$$

또, 삼각형 C_1QF_1과 삼각형 C_1B_1R가 닮음이므로

$$2\sqrt{2}:4 = 1:\overline{B_1R} \quad \therefore \overline{B_1R} = \sqrt{2}$$

이때 $\overline{B_1B_2} = \overline{C_1C_2} = \frac{4}{3}$이고 삼각형 C_1C_2P와 삼각형 C_1QF_1이 닮음이므로

$$\frac{4}{3}:2\sqrt{2} = \overline{C_2P}:1 \quad \therefore \overline{C_2P} = \frac{\sqrt{2}}{3}$$

한편 $\overline{C_1R} = \sqrt{4^2+(\sqrt{2})^2} = 3\sqrt{2}$이고,

$\overline{B_2R} = \overline{C_2P} = \frac{\sqrt{2}}{3}$이므로

$$\overline{B_2C_2} = 3\sqrt{2} - \frac{\sqrt{2}}{3} - \frac{4}{3} = \frac{8\sqrt{2}-4}{3}$$

즉, 정사각형의 한 변의 길이는 $\frac{8\sqrt{2}-4}{3}$이므로

R_1과 R_2의 닮음비는 $\frac{2\sqrt{2}-1}{3}$이다.

이때 공비는 $\left(\frac{2\sqrt{2}-1}{3}\right)^2 = 1 - \frac{4\sqrt{2}}{9}$이고

$S_1 = 2\pi$이므로

$$\lim_{n\to\infty}S_n = \frac{2\pi}{1-\left(1-\frac{4\sqrt{2}}{9}\right)} = \frac{9\sqrt{2}}{4}\pi$$

28 정답 ②

$$y = (x^2-x)e^{4-x} = x(x-1)e^{4-x}$$

$$y' = (2x-1)e^{4-x} - (x^2-x)e^{4-x}$$

$$= (-x^2+3x-1)e^{4-x}$$

이고, $\lim_{x\to\infty}(x^2-x)e^{4-x} = 0$이다.

이것으로부터

$y = (x^2-x)e^{4-x}$, $f(x) = |x^2-x|e^{4-x}$의 그래프의 개형은 다음과 같다.

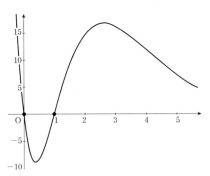

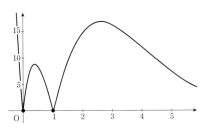

이제 $y = kx \ (k>0)$와 $y = f(x)$에서 $g(x)$를 살펴보면 아래 그림과 같이 $y = kx$가 $y = f(x)$의 접선인 경우를 기준으로 동그라미에서 미분가능하지 않은 경우가 생긴다.

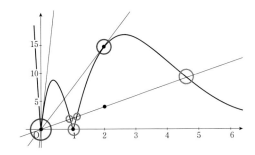

ㄱ. $k=2$이면 $f(2) = 2e^2 > 4$이므로 $g(2) = 4$ (참)

ㄴ. $y = kx$가 $x=2$에서 $y = f(x)$의 접선보다 아래쪽이면 $h(k)$는 최댓값 4를 갖는다. (참)

ㄷ. 접점의 좌표를 $(t, f(t))$라 두면 원점에서 곡선에 그은 접선의 방정식은

$$y = (-t^2+3t-1)e^{4-t}(x-t) + (t^2-t)e^{4-t}$$

$$0 = (t^3-3t^2+t)e^{4-t} + (t^2-t)e^{4-t}$$

$$t^3 - 2t^2 = 0$$에서 $t=0$ 또는 $t=2$

$t=2$에서 접선의 기울기는 $k = e^2$

$t=0$에서 $y = -f(x)$의 접선의 기울기는 $k = e^4$

따라서 $e^2 \le k < e^4$, $k > e^4$일 때 $h(k) = 2$이다. (거짓)

따라서 옳은 것은 ㄱ, ㄴ이다.

29

$f(x)=\dfrac{1}{x}$, $g(x)=\dfrac{k}{x}$ 이므로

$f'(x)=-\dfrac{1}{x^2}$, $g'(x)=-\dfrac{k}{x^2}$

직선 l과 m이 x축의 양의 방향과 이루는 각을 각각 α, β라 하면

점 P, Q의 x좌표가 모두 2이므로

$\tan\alpha=f'(2)=-\dfrac{1}{4}$, $\tan\beta=g'(2)=-\dfrac{k}{4}$

두 직선 l, m이 이루는 예각의 크기가 $\dfrac{\pi}{4}$이므로

$|\tan(\beta-\alpha)|$

$=\left|\dfrac{-\dfrac{k}{4}-\left(-\dfrac{1}{4}\right)}{1+\left(-\dfrac{k}{4}\right)\left(-\dfrac{1}{4}\right)}\right|=1$

$4|k-1|=|16+k|$

그런데 $k>1$이므로 $4(k-1)=16+k$

$\therefore\ 3k=20$

$$\left(\dfrac{dx}{d\theta}\right)^2+\left(\dfrac{dy}{d\theta}\right)^2=(-5\sin\theta+5\sin5\theta)^2+(5\cos\theta-5\cos5\theta)^2$$
$$=50-50(\sin\theta\sin5\theta+\cos\theta\cos5\theta)$$
$$=50-50\cos4\theta$$
$$=50-50(1-2\sin^2 2\theta)$$
$$=100\sin^2 2\theta$$

$$\therefore\ \int_0^{\frac{\pi}{2}}\sqrt{\left(\dfrac{dx}{d\theta}\right)^2+\left(\dfrac{dy}{d\theta}\right)^2}\,d\theta$$
$$=\int_0^{\frac{\pi}{2}}10\sin2\theta\,d\theta=\Big[-5\cos2\theta\Big]_0^{\frac{\pi}{2}}=10$$

30

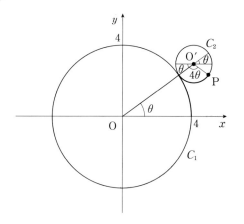

점 P의 좌표를 (x, y)라 하면

θ가 0에서 $\dfrac{\pi}{2}$까지 변할 때, 점 P가 움직인 거리는

$\displaystyle\int_0^{\frac{\pi}{2}}\sqrt{\left(\dfrac{dx}{d\theta}\right)^2+\left(\dfrac{dy}{d\theta}\right)^2}\,d\theta$이다.

원 C_2의 중심을 O'이라 하면 $O'(5\cos\theta,\ 5\sin\theta)$이고,

점 P는 원 C_2의 중심으로부터 x축 방향으로 $\cos(\pi+5\theta)$,

y축 방향으로 $\sin(\pi+5\theta)$ 만큼 떨어져 있으므로,

점 P의 좌표는 $(5\cos\theta-\cos5\theta,\ 5\sin\theta-\sin5\theta)$이다.

이때 $\dfrac{dx}{d\theta}=-5\sin\theta+5\sin5\theta$, $\dfrac{dy}{d\theta}=5\cos\theta-5\cos5\theta$이므로

기하

㉓ 정답 ③

선분 AB를 1:2로 내분하는 점의 좌표는
$$\left(\frac{1 \cdot (-1) + 2 \cdot 2}{1+2}, \ \frac{1 \cdot 3 + 2 \cdot 3}{1+2}, \ \frac{1 \cdot 2 + 2 \cdot (-1)}{1+2} \right)$$
즉, $(1, 3, 0)$이다.
따라서 $a=1$, $b=3$, $c=0$이므로
$$a+b+c=4$$

㉔ 정답 ③

접선의 기울기를 m이라고 하면 포물선의 초점이 $(1, 0)$이므로 접선의 방정식은 $y=mx+\dfrac{1}{m}$ 이다.
이 접선이 점 $(-2, 4)$를 지나므로 대입하면
$$4 = -2m + \frac{1}{m}, \ 2m^2 + 4m - 1 = 0$$
$$\therefore m_1 m_2 = -\frac{1}{2}$$

㉕ 정답 ④

초점이 B이고 원점을 꼭짓점으로 하는 포물선의 준선은 $x=-3$이다.

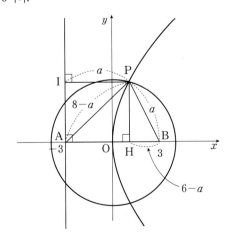

그림과 같이 점 P를 제1사분면 위의 점으로 정하고 $\overline{PB}=a$라 하자.

점 P에서 x축에 내린 수선의 발을 H, 직선 $x=-3$에 내린 수선의 발을 I라 하면 포물선의 정의에 의하여 $\overline{PI}=a$이므로 $\overline{BH}=a$이고 $\overline{AH}=6-a$이다.

타원의 정의에 의하여 $\overline{PA}+\overline{PB}=8$이므로 $\overline{PA}=8-a$
직각삼각형 PAH와 PBH에서
$$\overline{PA}^2 - \overline{AH}^2 = \overline{PB}^2 - \overline{BH}^2$$
$$(8-a)^2 - a^2 = a^2 - (6-a)^2$$
$$\therefore a = \frac{25}{7}$$

㉖ 정답 ⑤

$\angle POQ = \theta$라 할 때
ㄱ. $|\overrightarrow{OP} + \overrightarrow{OQ}| = \sqrt{1^2 + 1^2 - 2\cos(\pi - \theta)}$
$\qquad\qquad\qquad = \sqrt{1^2 + 1^2 + 2\cos\theta} \geq \sqrt{2}$ (참)
ㄴ. $|\overrightarrow{OP} - \overrightarrow{OQ}| = \sqrt{1^2 + 1^2 - 2\cos\theta} \leq \sqrt{2}$ (참)
ㄷ. $|\overrightarrow{OP} \cdot \overrightarrow{OQ}| = \cos\theta \leq 1$ (참)
따라서 옳은 것은 ㄱ, ㄴ, ㄷ이다.

㉗ 정답 ②

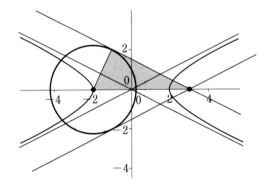

원 C의 반지름의 길이를 r라 하면 쌍곡선의 점근선은 $y = \pm\dfrac{1}{2}x$이다.
이때 점 $(3, 0)$을 지나고 원 C에 접하는 접선이 쌍곡선과 한 점에서만 만나므로 접선의 기울기는 점근선의 기울기와 같다.
따라서 접선의 방정식은
$$y = -\frac{1}{2}x + \frac{3}{2} \ \text{또는} \ y = \frac{1}{2}x - \frac{3}{2}$$
이고, 그림의 직각삼각형에서
$r^2 + (2r)^2 = 25$이므로 $r = \sqrt{5}$

28

정답 ④

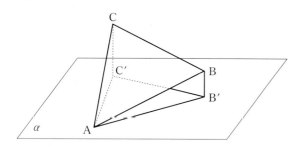

정삼각형의 한 변의 길이를 x, $\overline{CC'}=a$, $\overline{BB'}=b$라 두자.

직각삼각형 BAB'에서 $x^2-b^2=5$ ······ ㉠

직각삼각형 CAC'에서 $x^2-a^2=3$ ······ ㉡

점 B에서 선분 CC'에 내린 수선의 발을 H라 할 때,

삼각형 CBH 또한 직각삼각형이므로

$x^2-(a-b)^2=4$ ······ ㉢

이 성립한다.

㉠+㉡$=2x^2-(a^2+b^2)=8$에서

$x^2-\dfrac{(a^2+b^2)}{2}=4$ 이므로 ㉢식과 비교하면

$\dfrac{(a^2+b^2)}{2}=(a-b)^2$ 이다. ······ ㉣

$(a-b)^2=k$ ······ ㉤라 두자.

㉠−㉡$=a^2-b^2=2$이므로 ㉣와 연립하면

$a^2=k+1$, $b^2=k-1$이고, 이를 ㉤와 연립하면

$ab=\dfrac{k}{2}$이다.

즉, $a^2b^2=(k+1)(k-1)=\dfrac{k^2}{4}$에서

$3k^2=4$, $k=\dfrac{2\sqrt{3}}{3}$

㉠+㉡$=2x^2-(a^2+b^2)=8$에서

$x^2=\dfrac{a^2+b^2+8}{2}=k+4=\dfrac{12+2\sqrt{3}}{3}$이므로

정삼각형의 넓이$=\dfrac{\sqrt{3}}{4}x^2=\dfrac{1+2\sqrt{3}}{2}$

29

정답 72

직각이등변삼각형 PAB에서 $\overline{PB}=4$, $\overline{AP}=\overline{AB}=2\sqrt{2}$

정사영의 길이에서 $\overline{AH}=\overline{PA}\cos\dfrac{\pi}{6}=\sqrt{6}$

삼수선의 정리에서 $\angle HAB=\dfrac{\pi}{2}$이므로

$\triangle ABH=\dfrac{1}{2}\overline{AB}\times\overline{AH}=2\sqrt{3}$

이때 $\overline{PH}=\overline{PA}\sin\dfrac{\pi}{6}=\sqrt{2}$이다.

따라서 사면체 PHAB의 부피는

$V=\dfrac{1}{3}(\triangle ABH)\overline{PH}=\dfrac{2\sqrt{6}}{3}$

$\therefore 27V^2=72$

30

정답 16

주어진 연립부등식의 해를 좌표평면에 도시하면 다음과 같다.

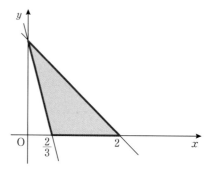

주어진 영역을 관찰하면 결국 $x+y=2$인 경우와 $3x+y=2$인 경우 사이의 범위임을 알 수 있다.

$x+y=2$일 때 $\dfrac{x}{2}+\dfrac{y}{2}=1$이므로

$\overrightarrow{OP}=\dfrac{x}{2}\cdot(2\overrightarrow{OA})+\dfrac{y}{2}\cdot(2\overrightarrow{OB})=\dfrac{x}{2}\cdot(\overrightarrow{OA'})+\dfrac{y}{2}\cdot(\overrightarrow{OB'})$

$3x+y=2$일 때, $\dfrac{3}{2}x+\dfrac{y}{2}=1$이므로

$\overrightarrow{OP}=\dfrac{3}{2}x\cdot\left(\dfrac{2}{3}\overrightarrow{OA}\right)+\dfrac{y}{2}\cdot(2\overrightarrow{OB})=\dfrac{3}{2}x\cdot(\overrightarrow{OA''})+\dfrac{y}{2}\cdot(\overrightarrow{OB'})$

라 두고, B'에서 $\overline{OA}$에 내린 수선의 발을 H라 두자.

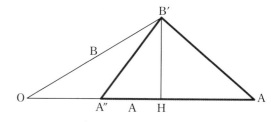

$\overline{OB}=2$, $\overline{OB'}=4$, $\overline{OA''}=2$, $\overline{A'A''}=4$, $\overline{B'H}=2$이고,

구하고자 하는 넓이는 빨간색(굵은선)으로 둘러쌓인 부분의 넓이이다.

따라서 $\triangle BA''A'=S=\dfrac{1}{2}\cdot4\cdot2=4$이므로 $S^2=16$

최신년도 사관학교 기출문제 정답과 해설
수학 영역

2022학년도 사관학교 문제 풀이

제○교시		수학 영역				
공통 과목	수학1 수학2	01 ①	02 ④	03 ④	04 ⑤	05 ⑤
		06 ③	07 ④	08 ②	09 ③	10 ①
		11 ④	12 ③	13 ②	14 ④	15 ①
		16 18	17 12	18 9	19 16	20 290
		21 27	22 56			
선택 과목	확통	23 ②	24 ①	25 ③	26 ④	27 ⑤
		28 ②	29 80	30 41		
	미적	23 ⑤	24 ②	25 ④	26 ③	27 ①
		28 ④	29 19	30 64		
	기하	23 ③	24 ⑤	25 ①	26 ②	27 ④
		28 ⑤	29 66	30 37		

공통

01 　　　정답 ①

$x \to 2$일 때, (분모)$\to 0$이므로 $\lim\limits_{x \to 2}(x^2-x+a)=0$, 즉 $a=-2$

$\lim\limits_{x \to 2}\dfrac{(x-2)(x+1)}{x-2}=3=b$

$\therefore a+b=(-2)+3=1$

02 　　　정답 ④

$a_1=a$, 공비를 r이라 하면, 주어진 조건에서

$a_3=ar^2=1$, $\dfrac{ar^3+ar^4}{ar+ar^2}=\dfrac{r^2(1+r)}{1+r}=4$이므로 $r^2=4$, $a=\dfrac{1}{4}$

$\therefore a_9=ar^8=\dfrac{1}{4}\times(r^2)^4=2^6=64$

03 　　　정답 ④

$\therefore$ (준식)$=2\sum\limits_{K=1}^{9}k^2+\sum\limits_{K=1}^{9}k=2\times\dfrac{9\times10\times19}{6}+\dfrac{9\times10}{2}$

$=570+45=615$

04 　　　정답 ⑤

$f'(x)=3x^2-8x+a$이고,

$f'(2)=\lim\limits_{h \to 0}\dfrac{f(2+h)-f(2)}{h}$ 이므로,

(준식)$=\lim\limits_{h \to 0}\dfrac{f(2+h)-f(2)}{h}\times\dfrac{1}{f(h)}=f'(2)\times\dfrac{1}{f(0)}$

$=(-4+a)\times\dfrac{1}{6}=1$

$\therefore a=10$

05 　　　정답 ⑤

$f(x)=x^4+\dfrac{1}{2}ax^2+C$ (C는 적분상수)라 하자.

$f(0)=C=-2$

$f(1)=1+\dfrac{1}{2}a-2=1$, 따라서 $a=4$

$f(x)=x^4+2x^2-2$이므로 $\therefore f(2)=22$

06 　　　정답 ③

(준식)$=2^{\frac{6}{m}}\times3^{\frac{4}{n}}$이고, 자연수이므로, m은 6의 약수, n은 4의 약수이다.

즉, $m=2, 3, 6$ 중 하나이고 $n=2, 4$ 중 하나이므로,

$\therefore (m, n)$ 순서쌍 개수$=3\times2=6$

07 　　　정답 ④

$\cos^2 x=1-\sin^2 x$이므로,

$f(x)=1-\sin^2 x+4\sin x+3=-\sin^2 x+4\sin x+4$

$\sin x=t$ (단, $-1 \le t \le 1$)로 치환하면 $f(t)=-(t-2)^2+8$

$t=1$에서 최댓값 7을 가지므로 $\therefore 7$

08 　　　정답 ②

합이 같은 세 수로 가능한 경우는

$(\log_a 2, 2\log_a 2, 7\log_a 2)$, $(2\log_a 2, 3\log_a 2, 5\log_a 2)$

이므로, 세 수의 합 $=10\log_a 2=15$이다.

즉, $\log_a 2=\dfrac{3}{2}$이므로, $\therefore a=2^{\frac{2}{3}}$

09 정답 ③

등차수열 $\{a_n\}$의 공차를 d라 하면,

$$S_{10}=\sum_{k=1}^{10}a_k=\frac{10(2+9d)}{2}$$

$$T_{10}=\sum_{k=1}^{10}(-1)^k a_k=(-a_1+a_2)+(-a_3+a_4)\cdots(-a_9+a_{10})$$

$$=5d \text{이다.}$$

즉, $\dfrac{S_{10}}{T_{10}}=\dfrac{5(2+9d)}{5d}=6$, $d=-\dfrac{2}{3}$이므로,

$$\therefore T_{39}=(-a_1+a_2)+(-a_3+a_4)\cdots(-a_{35}+a_{36})-a_{37}=18d-a_{37}$$

$$=18d-(1+36d)=-1-18d=-1+12=11$$

10 정답 ①

ⅰ) $f(x)$가 $x=a$에서 연속일 때,

$f(-x)f(x)$는 $x=a$에서 연속이다.

즉, $\lim\limits_{x\to a+}f(x)=-2a+4$, $\lim\limits_{x\to a-}f(x)=a^2-5a$,

$f(a)=-2a+4$의 값이 같아야 하므로,

$$-2a+4=a^2-5a,\ a^2-3a-4=0$$

$\therefore a=4$ ($\because a$는 양의 실수)

ⅱ) $f(x)$가 $x=a$에서 불연속일 때,

$f(-x)$는 $x=a$에서 함숫값이 0이어야 하므로,

$$f(-a)=a^2-5a=0$$

$\therefore a=5$ ($\because a$는 양의 실수)

∴ 따라서 모든 a의 합=9

11 정답 ②

$$x_1=\int v_1(t)dt=t^3-3t^2$$

$$x_2=\int v_2(t)dt=t^2$$

$t=a$에서 두 점이 만나므로, $a^3-3a^2=a^2$에서, $a=4$

$$\therefore \int_0^4 |v_1(t)|dt=\int_0^2 (6t-3t^2)dt+\int_2^4 (3t^2-6t)dt$$

$$=[3t^2-t^3]_0^2+[t^3-3t^2]_2^4=24$$

12 정답 ③

$[-1,\ 1]$에서 $f(x)=x^3-6x^2+5$이고, $f'(x)=3x^2-12x$이므로,

$x=0$에서 극대를 가진다.

즉, $[-1,1]$에서 $f(x)$의 최댓값: $f(0)=5$

$f(x)$의 최솟값: $f(-1)=-2$

이므로 최대+최소 $\neq 0$이다.

구간 $[1, 3]$에서 $f(x)=x^2-4x+a$이고,

최솟값은 $f(2)=a-4$이므로,

$f(x)$의 최댓값과 최솟값의 합이 0을 만족해야 하므로

$a-4=-5$에서 $a=-1$ 이다.

$$\therefore \lim_{x\to 1+}f(x)=\lim_{x\to 1+}(x^2-4x-1)=-4$$

13 정답 ②

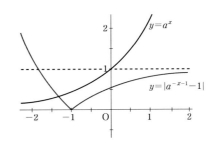

ㄱ. $a^{1-1}-1=a^0-1=0$ (참)

ㄴ. 그림과 같이 두 그래프는 $x<-1$에서 반드시 한번 만나므로, 구간 $x\geq -1$에서 두 그래프가 만나는 점의 개수를 파악하면 된다. $a=4$에서 $x>-1$일 때, 두 그래프의 방정식은 각각 $y=4^x$, $y=-4^{-x-1}+1$이다.

$4^x=-4^{-x-1}+1$에서, $4^x=t$라 두면

$t=-\dfrac{1}{4t}+1$, $4t^2-4t+1=0$이므로 $t=2$이다.

즉, $4^x=2$, $x=\log_4 2$인 한 점에서 만나므로, 두 그래프는 두 점에서 만난다. (참)

ㄷ. $a>4$이면, $x>-1$에서 교점의 x좌표는

$a^x=-a^{-x-1}+1$를 만족한다.

$a^x=t$로 두면, $t=-\dfrac{1}{at}+1$, $at^2-at+1=0$에서

판별식 $D=a^2-4a>0$이므로 두 점에서 만난다.

두 점의 x좌표를 각각 α, β라 하면, $at^2-at+1=0$의 해는 a^α, a^β이고, 두 근의 곱은 $a^{\alpha+\beta}=\dfrac{1}{a}$, $\alpha+\beta=-1$이다.

두 그래프는 $x<-1$에서 한번 만나고,

$x>-1$인 지점에서 두 교점의 x좌표 합이 -1이므로

모든 근의 합은 -2보다 작다. (거짓)

(14) 정답 ④

함수 $g(x)$는 두 점 $(-1, f(-1))$, $(a, f(a))$를 지나므로,
$g(-1)=f(-1)$, $g(a)=f(a)$이다.
조건 (가)에서 함수 $h(x)$는 모든 x에 대해 미분가능하므로,
$f'(-1)=$ 직선 $g(x)$의 기울기$=f'(a-m)$이고,
$g(a)=f(a-m)+n$이다.
$f(-1)=0$이고, $f'(x)=3x^2-1$에서, $f'(-1)=2$
$f'(-1)=f'(a-m)$이므로,
$f'(x)=f'(-1)=2$에서 $3x^2-1=2$, $x=\pm 1$, $\therefore a-m=1$
$g(x)=2x+k$라두면,
$g(-1)=-2+k=0$, $k=2$이므로 $g(x)=2x+2$이다.
따라서 $g(a)=f(a)$를 만족하므로 $2a+2=a^3-a$,
$a^3-3a-2=0$, $\therefore a=2$
$a-m=1$에서 $m=1$
$g(2)=f(1)+n$에서, $n=6$
$\therefore m+n=7$

(15) 정답 ①

조건 (나)에서 $a_2=a_3\times a_1+1$, $a_3=2a_1-a_2$
$a_3=2a_1-a_3\times a_1-1$에서, $a_3(a_1+1)=2a_1-1$
$a_3=\dfrac{2a_1-1}{a_1+1}=2-\dfrac{3}{a_1+1}$에서 a_3은 정수이므로,
$\dfrac{3}{a_1+1}$도 정수이어야 한다.
$a_1+1=1$, -1, 3, -3이 가능하므로, a_1의 최솟값은 -4이다.
$\therefore m=-4$
즉, $a_1=-4$, $a_2=-11$, $a_3=-3$, $a_4=a_3\times a_2+1=-32$,
$\therefore a_9=2a_4-a_2=-53$

(16) 정답 18

$f'(x)=(x^3+x)+(x+3)(3x^2+1)$, $\therefore f'(1)=18$

(17) 정답 12

$\sin\dfrac{\pi x}{2}$ 는 주기가 4인 함수이다.

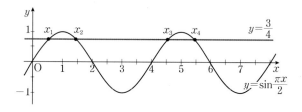

(18) 정답 9

교점의 x좌표를 각각 x_1, x_2, x_3, x_4라 두면
4개의 좌표는 모두 $x=3$에 대해 대칭이므로
$\therefore x$좌표 합 $=3\times 4=12$

$f(x)=x^3-5x^2+3x$라 두자.
모든 양수 r에 대해 $f(r)>-n$가 성립해야 하므로
$f'(x)=3x^2-10x+3=(3x-1)(x-3)$에서
$x=\dfrac{1}{3}$, 3에서 각각 극대과 극소를 가진다.

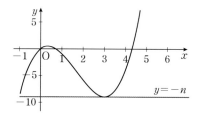

$y=-n$은 $f(x)$의 극솟값인 $f(3)=-9$보다 작거나 같아야 하므로
$\therefore -n\leq -9$, $n\geq 9$에서, n의 최솟값$=9$

(19) 정답 16

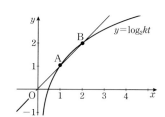

$\overline{OA}=\overline{AB}$에서, $A(t, \log_2 kt)$, $B(2t, \log_2 2kt)$라 두자.
이 때, A의 y좌표$\times 2=B$의 y좌표 이므로
$2\log_2 kt=\log_2 2kt$,
$\qquad =1+\log_2 kt$에서, $\log_2 kt=1$, $\therefore kt=2$
$\log_2 kt=t$에서, $2^t=kt=2$, $t=1$, $k=2$
따라서 $f(x)=\log_2 2x$이므로 $\log_2 2x=5$, $x=16$에서 $\therefore g(5)=16$

(20) 정답 290

a의 범위에 따라 $x=3$, $x=-3$으로 둘러싸인 함수가 다르므로
경우를 나눈다.
1) $a\geq 3$일 때,
$2\times\displaystyle\int_0^3 \dfrac{3}{a}x^2 dx=2\times\left[\dfrac{1}{a}x^3\right]_0^3=\dfrac{54}{a}=8$
$\therefore a=\dfrac{27}{4}$

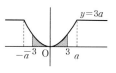

2) $a<3$일 때,

$$2\times\int_0^a \frac{3}{a}x^2 dx + 2\times(3-a)\times 3a$$

$$=2\times\left[\frac{1}{a}x^3\right]_0^a + 18a - 6a^2 = 8$$

$$4a^2 - 18a + 8 = 0, \therefore a = \frac{1}{2}$$

$$\therefore 40S = 40\times\left(\frac{27}{4}+\frac{1}{2}\right) = 290$$

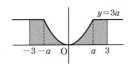

㉑ [정답] 27

$\angle BAC = \theta$이고, 원주각에 의해 바깥쪽 $\angle BOC = 2\theta$이므로,

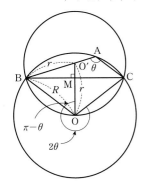

$$\angle BOC = 2\pi - 2\theta,$$

$$\angle BOM = \pi - \theta \text{이다.}$$

$\triangle BOM$에서,

$$\overline{BM} = |R\sin\theta|,$$

$$\overline{OM} = |R\cos\theta| \text{이다.}$$

(가): $\overline{O'M} = r - |R\cos\theta|$이고,

$\triangle O'BM$에서 $r^2 = R^2\sin^2\theta + r^2 + R^2\cos^2\theta - 2r|R\cos\theta|$

($\because$ 코사인법칙)

$$\therefore R = 2r|\cos\theta|$$

(나): $\sin(\angle(O'BM)) = \dfrac{r-|R\cos\theta|}{r} = \dfrac{r-|2r\cos\theta|\times|\cos\theta|}{r}$

$$= 1 - 2\cos^2\theta$$

(다): $\overline{BC} = |2R\sin\theta|$, $\overline{AC} = 2R\sin(\angle O'BM) = 2R(1-2\cos^2\theta)$에서

$$\frac{\overline{BC}}{\overline{AC}} = \frac{\sin\theta}{1-2\cos^2\theta}$$

$$f(\alpha) = 2\times\frac{3}{5} = \frac{6}{5}, \quad g(\beta) = 1 - \frac{20}{25} = \frac{1}{5}, \quad h\left(\frac{2}{3}\pi\right) = \sqrt{3}$$

$$\frac{q}{p} = \frac{22}{5}, \therefore 27$$

㉒ [정답] 56

$g(x) = (x-2)\int_0^x f(s)ds$에서, $g(0)=0$, $g(2)=0$이므로,

$g(x)$는 $y=0$, $y=2x$를 기점으로 교점 개수가 달라져야 한다.

또한, $g(x)$는 3차함수이므로, $g(x)=0$는 서로 다른 세실근을 가지거나, 중근1개와 다른 한 실근을 가진다.

1) $g(x)=0$이 세 실근을 가질 때,

최고차항 계수가 양수, 음수일 때 모두 아래 그림과 같이 $t=-2$ 또는 $t=a$에서 연속이므로 만족하는 개형은 존재하지 않는다.

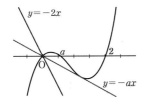

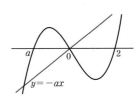

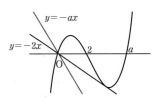

2) $g(x)=0$이 한 중근과 다른 한 실근을 가질 때,

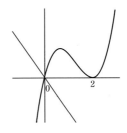

직선 기울기를 변화시켜도 교점 개수가 달라지지 않으므로 조건을 만족하지 않는다.

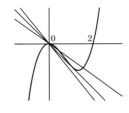

$y=-2x$가 $g(x)$와 접한다면, 기울기 -2 근처에서 직선과 $g(x)$의 교점 개수가 바뀌므로 조건을 만족한다.

$g(x) = px^2(x-2)$라 두면,

$g(x) = -2x$는 한 중근과 다른 한 실근을 가진다.

즉, $g(x)+2x = px^2(x-2) + 2x = x(px^2 - 2px + 2)$에서,

$px^2 - 2px + 2$는 완전제곱식이어야 하므로, $p=2$이다.

$$\therefore g(x) = 2x^2(x-2), \quad g(4) = 64$$

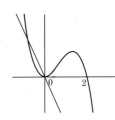

직선 기울기를 변화시켜도 교점 개수가 달라지지 않으므로 조건을 만족하지 않는다.

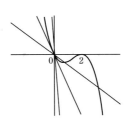

$x=0$에서의 접선 기울기가 -2인 경우 기울기 -2 근처에서 직선과 $g(x)$의 교점 개수가 바뀌므로 조건을 만족한다.

$$g(x) = px(x-2)^2$$

$$g'(0) = -2,$$

$$g'(x) = p(x-2)^2 + 2px(x-2),$$

$$g'(0) = 4p = -2, \quad p = -\frac{1}{2}$$

$$\therefore g(x) = -\frac{1}{2}x(x-2)^2, \quad g(4) = -8$$

따라서 모든 $g(4)$ 값의 합은 $\therefore 64 - 8 = 56$

확률과 통계

23
정답 ②

x^2의 계수 $=_6C_2\times2^2\times1^4=60$

24
정답 ①

3의 배수 : 3, 6이므로

1, 2, 4, 5, (3, 6)을 원형배열하는 경우의 수와 같다.

5개의 대상을 원형배열하는 경우의 수 $=4!$ 이고, 3과 6을 배치하는 경우의 수 $=2$이므로

$\therefore 4!\times2=48$

25
정답 ③

주어진 상황을 표로 작성하면 아래와 같다.

	데스크톱	노트북	
남	15	6	21
여	8	10	18
	23	16	39

$\therefore \dfrac{15}{23}$

26
정답 ④

전체 경우의 수는 $_{10}C_3=120$

세 수의 곱이 4의 배수이려면, 소인수 2를 최소 2개 이상 가져야 한다.

2의 배수는 2, 4, 6, 8, 10 이고, 이 중 4와 8은 4의 배수이므로 세 수의 곱이 4의 배수인 경우는 아래와 같이 3가지로 나눌 수 있다.

1) 세 수 모두 2의 배수일 때 : $_5C_3=10$

2) 세 수 중 두 수만 2의 배수일 때 : $_5C_2\times_5C_1=50$

3) 세 수 중 하나만 4의 배수이고, 두 수는 홀수일 때:

$_2C_1\times_5C_2=20$

$\therefore \dfrac{80}{120}=\dfrac{2}{3}$

27
정답 ⑤

모집단은 $N(100, \sigma^2)$를 따르고, 크기가 25인 표본집단은 $\left(N\left(100, \left(\dfrac{\sigma}{5}\right)^2\right)\right)$을 따른다.

즉, $P(98\le X\le102)=P\left(\dfrac{98-100}{\dfrac{\sigma}{5}}\le Z\le \dfrac{102-100}{\dfrac{\sigma}{5}}\right)=0.9876$

이므로

주어진 표준정규분포에 따르면 $\dfrac{2}{\dfrac{\sigma}{5}}=\dfrac{10}{\sigma}=2.5$이다.

$\therefore \sigma=4$

28
정답 ②

$f\circ f\circ f(x)=1$을 만족하려면 합성되면서 치역이 1로 축소되어야 하므로 아래와 같이 2가지 경우로 나눌 수 있다.

1) 두 번째 합성 결과부터 치역이 1일 때

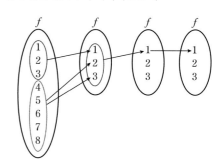

즉, $f(1)=f(2)=f(3)=1$이어야 하므로, $\therefore {}_3H_5=21$

2) 세 번째 합성 결과부터 치역이 1이 될 때

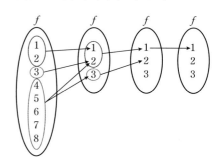

즉, $f(1)=f(2)=1$, $f(3)=2$이어야 하므로, $\therefore {}_2H_5=6$

따라서 $f\circ f\circ f(x)=1$를 만족하는 모든 경우의 수는 27이다.

29 정답 80

나오는 눈의 수가 3이상인 사건을 A, 3미만인 사건을 B라 하면, $P(A)=\dfrac{2}{3}$, $P(B)=\dfrac{1}{3}$이다.

위의 시행을 4번 반복 시 도착 가능한 지점은 0, 2, 4, 6이다.

4번 시행 후 0에 도착: A 2번, B 2번$={}_4\mathrm{C}_2\left(\dfrac{2}{3}\right)^2\left(\dfrac{1}{3}\right)^2=\dfrac{24}{3^4}$

4번 시행 후 2에 도착: A 3번, B 1번$={}_4\mathrm{C}_2\left(\dfrac{2}{3}\right)^3\left(\dfrac{1}{3}\right)^1=\dfrac{32}{3^4}$

4번 시행 후 4에 도착: A 4번 또는 B 4번$=\left(\dfrac{2}{3}\right)^4+\left(\dfrac{1}{3}\right)^4=\dfrac{17}{3^4}$

4번 시행 후 6에 도착: A 1번, B 2번$={}_4\mathrm{C}_1\left(\dfrac{2}{3}\right)^1\left(\dfrac{1}{3}\right)^3=\dfrac{8}{3^4}$이므로,

확률분포표를 작성하면 아래와 같다.

X	0	2	4	6	합
$P(X=x)$	$\dfrac{24}{3^4}$	$\dfrac{32}{3^4}$	$\dfrac{17}{3^4}$	$\dfrac{8}{3^4}$	1

즉, $E(X)=\dfrac{0\times24+2\times32+4\times17+6\times8}{3^4}=\dfrac{20}{9}$

$\therefore E(36X)=36E(X)=80$

30 정답 41

두 번째 시행 후 흰공만 2개 남아있는 경우는 아래와 같이 3가지로 나눌 수 있다.

	첫 시행	시행 후 주머니에 들어있는 공	두 번째 시행
1	검정 3개 뽑음	검정 1개, 흰 2개	검정 1개, 흰 2개 뽑음
	$\dfrac{{}_4\mathrm{C}_3}{{}_6\mathrm{C}_3}\times\dfrac{{}_3\mathrm{C}_3}{{}_3\mathrm{C}_3}=\dfrac{1}{5}$		
2	검정 2개, 흰 1개 뽑음	검정 2개, 흰 2개	검정 2개, 흰 1개 뽑음
	$\dfrac{{}_4\mathrm{C}_2\times{}_2\mathrm{C}_1}{{}_6\mathrm{C}_3}\times\dfrac{{}_2\mathrm{C}_2\times{}_2\mathrm{C}_1}{{}_4\mathrm{C}_3}=\dfrac{3}{10}$		
3	검정 1개, 흰 2개 뽑음	검정 3개, 흰 2개	검정 3개 뽑음
	$\dfrac{{}_4\mathrm{C}_1\times{}_2\mathrm{C}_2}{{}_6\mathrm{C}_3}\times\dfrac{{}_3\mathrm{C}_3}{{}_5\mathrm{C}_3}=\dfrac{1}{50}$		

$\therefore \dfrac{\dfrac{3}{10}}{\dfrac{1}{5}+\dfrac{3}{10}+\dfrac{1}{50}}=\dfrac{15}{26}$, $p+q=41$

미적분

23

정답 ⑤

$$(준식) = \lim_{n \to \infty} \frac{(an^2+bn)-(2n^2+1)}{\sqrt{an^2+bn}+\sqrt{2n^2+1}}$$

$$= \lim_{n \to \infty} \frac{(a-2)n^2+bn-1}{\sqrt{an^2+bn}+\sqrt{2n^2+1}} = 1 \text{에서}$$

분자, 분모 차수가 동일해야 하므로, $a=2$

극한값 $\dfrac{b}{\sqrt{a}+\sqrt{2}} = \dfrac{b}{2\sqrt{2}} = 1$, 즉 $b=2\sqrt{2}$

$\therefore ab = 4\sqrt{2}$

24

정답 ②

$$\lim_{n \to \infty} \sum_{k=1}^{n} \frac{\frac{1}{n}}{1+\left(\frac{3k}{n}\right)} \int_0^1 \frac{1}{1+3x} dx = \left[\frac{1}{3}\ln|1+3x|\right]_0^1 = \frac{2}{3}\ln 2$$

25

정답 ④

곡선 길이 $= \displaystyle\int_0^{\ln 7} \sqrt{\left(\frac{dx}{dt}\right)^2 + \left(\frac{dy}{dt}\right)^2} dt$ 이다.

$\dfrac{dx}{dt} = e^t(\cos(\sqrt{3}t) - \sqrt{3}\sin(\sqrt{3}t))$,

$\dfrac{dy}{dt} = e^t(\sin(\sqrt{3}t) + \sqrt{3}\cos(\sqrt{3}t))$ 이고

$\left(\dfrac{dx}{dt}\right)^2 + \left(\dfrac{dy}{dt}\right)^2$

$= e^{2t}\{\cos^2(\sqrt{3}t) + \sin^2(\sqrt{3}t) + 3\sin^2(\sqrt{3}t) + 3\cos^2(\sqrt{3}t)\}$

$= 4e^{2t}$ 이므로

곡선 길이는 $\therefore \displaystyle\int_0^{\ln 7} 2e^t dt = [2e^t]_0^{\ln 7} = 12$

26

정답 ③

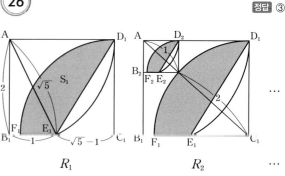

$$R_1 \qquad R_2 \qquad \cdots$$

S_1 는 반지름이 2이고 중심각이 $\dfrac{\pi}{2}$ 인 부채꼴 $C_1D_1F_1$에서 삼각형 $C_1D_1E_1$ 넓이를 뺀 것과 같으므로

$$S_1 = 4\pi \times \frac{1}{4} - (\sqrt{5}-1) \times 2 \times \frac{1}{2} = \pi - \sqrt{5} + 1$$

색칠한 도형의 닮음비는 사각형 $AB_1C_1D_1$와 $AB_2C_2D_2$의 닮음비와 같고, 각각 사각형의 대각선 길이비와 동일하므로 닮음비는 $3:1$이다.

즉, 닮음비가 $\dfrac{1}{3}$이므로, 색칠한 도형 넓이의 공비는 $\dfrac{1}{9}$이다.

$$\therefore \frac{\pi - \sqrt{5} + 1}{1 - \frac{1}{9}} = \frac{9\pi - 9\sqrt{5} + 9}{8}$$

27

정답 ①

곡선을 $g(x)$라 하면, $g(f(t))=t$이므로 g, f는 서로 역함수 관계이다.

$g(x)=2\ln 5$를 만족하는 x좌표: $2x^2+2x+1=25$, $x=3$ ($\because x>0$)

$g'(x) = \dfrac{4x+2}{2x^2+2x+1}$, $g'(3) = \dfrac{14}{25}$

$\therefore f'(2\ln 5) = \dfrac{1}{g'(3)} = \dfrac{25}{14}$

28   정답 ④

△AOP는 이등변삼각형이므로,

$$\angle\,\text{APO}=\theta,\ \angle\,\text{POQ}=2\theta,\ \angle\,\text{COP}=\frac{\pi}{2}-2\theta$$

△OCP는 $\overline{\text{OC}}=\overline{\text{OP}}$인 이등변삼각형이므로,

$$\angle\,\text{OPC}=\frac{\pi-\left(\frac{\pi}{2}-2\theta\right)}{2}=\frac{\pi}{4}+\theta$$

△AQS에서 $\overline{\text{QS}}=\overline{\text{AQ}}\sin\theta=(2+2\tan\theta)\sin\theta$이고

△AOR에서 $\overline{\text{AR}}=\dfrac{2}{\cos\theta}$이므로

$\overline{\text{AS}}=\overline{\text{AQ}}\cos\theta=(2+2\tan\theta)\cos\theta$이다.

따라서, $\overline{\text{RS}}=\overline{\text{AS}}-\overline{\text{AR}}=(2+2\tan\theta)\cos\theta-\dfrac{2}{\cos\theta}$ 이다.

$$\therefore\ S(\theta)=\frac{1}{2}\times\overline{\text{RS}}\times\overline{\text{QS}}$$

$$=\frac{1}{2}(2+2\tan\theta)\sin\theta\times\left\{(2+2\tan\theta)\cos\theta-\frac{2}{\cos\theta}\right\}$$

$$(\text{준식})=\lim_{\theta\to 0+}\frac{S(\theta)}{\theta^2}$$

$$=\lim_{\theta\to 0+}\frac{(1+\tan\theta)\sin\theta\times\left\{\dfrac{(2+2\tan\theta)\cos^2\theta-2}{\cos\theta}\right\}}{\theta^2}\ \text{에서}$$

$$\left\{\frac{(2+2\tan\theta)\cos^2\theta-2}{\cos\theta}\right\}=\frac{2\cos^2\theta+2\sin\theta\cos\theta-2}{\cos\theta}$$

$$=2\sin\theta-\frac{2(1-\cos\theta)(1+\cos\theta)}{\cos\theta}\ \text{이므로}$$

$$\therefore\ \lim_{\theta\to 0+}(1+\tan\theta)\times\frac{\sin\theta}{\theta}\times\left\{\frac{2\sin\theta}{\theta}-\frac{2(1-\cos\theta)(1+\cos\theta)}{\cos\theta\times\theta}\right\}$$

$$=1\times 1\times(2-0)=2$$

29   정답 19

$g(x)=\displaystyle\int_{-1}^{x}|f(t)\sin t|\,dt$이므로 $g(-1)=0$이고

$$g'(x)=|f(x)(\sin x)|=\begin{cases}f(x)\sin x & (-1\le x\le 0)\\ -f(x)\sin x & (0\le x\le 1)\end{cases}\ \text{이다.}$$

조건 (나)에서 $\displaystyle\int_{-1}^{0}|f(x)\sin x|\,dx=g(0)=2$,

$\displaystyle\int_{0}^{1}|f(x)\sin x|\,dx=g(1)-g(0)=3$이므로 $g(1)=5$

$\displaystyle\int_{-1}^{1}f(-x)g(-x)\sin x\,dx$에서 $-x=t$로 치환하면

$$-\int_{-1}^{1}f(t)g(t)\sin t\,dt$$

즉, $-\displaystyle\int_{-1}^{1}f(t)g(t)\sin t\,dt$

$$=-\left\{\int_{-1}^{0}g'(t)g(t)\,dt+\int_{0}^{1}-g'(t)g(t)\,dt\right\}$$

$$=\left[-\frac{1}{2}\{g(x)\}^2\right]_{-1}^{0}+\left[-\frac{1}{2}\{g(x)\}^2\right]_{0}^{1}$$

$$=\frac{1}{2}\{g^2(-1)-g^2(0)+g^2(1)-g^2(0)\}=\frac{17}{2}$$

$\therefore\ p+q=19$

30   정답 41

함수 $g(x)$의 도함수는 다음과 같이

$$g'(x)=\begin{cases}f(x) & (0<x<2)\\ \dfrac{f'(x)(x-1)-f(x)}{(x-1)^2} & (x<0\ \text{또는}\ x>2)\end{cases}\ \text{이다.}$$

조건 (가)에서 $x=0$에서 연속: $f(0)=-f(0)$, $f(0)=0$ 이고
$g(2)=f(2)\ne 0$이다.

조건 (나)에서 $g(x)$가 $x=0$에서 미분이 가능하려면
$f'(0)=-f'(0)-f(0)$에서 $f'(0)=0$이다.

한편, $g(x)$가 $x=2$에서 미분이 가능하려면
$f'(2)=f'(2)-f(2)$에서 $f(2)=0$이므로 모순이다.

즉, $g(x)$는 $x=2$에서 미분 불가능하고, $g(x)$는 미분 불가능한
x값이 하나이므로 $x=0$에서 미분가능하다.

즉, $f'(0)=0$

조건 (다)에서 $f(x)=x^2(x-k)$라 할 때, $g'(k)=\dfrac{16}{3}$이므로

$0<k<2$; $g'(k)=3k^2-2k^2=\dfrac{16}{3}$, $k^2=\dfrac{16}{3}$이므로 조건에 맞는 k는
존재하지 않는다.

$k\le 0$ 또는 $k>2$; $g'(k)=\dfrac{k^2(k-1)}{(k-1)^2}=\dfrac{16}{3}$, $k=4$이다.

따라서 $f(x)=x^2(x-4)$,

$$g'(x)=\begin{cases}3x^2-8x & (0\le x<2)\\ \dfrac{x(2x^2-7x+8)}{(x-1)^2} & (x\le 0\ \text{또는}\ x>2)\end{cases}\ \text{이다.}$$

$x\ne 2$인 모든 실수에서 $g'(x)=0$을 만족하는 x값은 $x=0$ 이나 좌
우에서 부호 변화가 없으므로 극소가 아니다.

$x=2$에서는 미분 불가능하나 $\displaystyle\lim_{x\to 2-}g'(x)=-4$, $\displaystyle\lim_{x\to 2+}g'(x)=4$로 부
호가 좌우에서 음수→양수로 바뀌므로 극소이다.

$\therefore\ g(2)=f(2)=-8=p$, $p^2=64$

기하

23 정답 ③

$2\vec{a}=(2x, 6), \vec{b}-\vec{c}=(4, y-5)$ 이므로 $2x=4, 6=y-5$에서

$x=2, y=11$

$\therefore x+y=13$

24 정답 ⑤

선분 AB의 방향벡터는 $(6, -6, 18)$이므로,

$\dfrac{x}{6}=\dfrac{y-2}{-6}=\dfrac{z+3}{18}=t$에서

점 $C(6t, -6t+2, 18t-3)$이라 둘 수 있다.

$A'(0, 2, 0), B'(6, -4, 0), C(6t, -6t+2, 0)$이므로

$2\overline{A'C'}=\overline{C'B'}$에서 $2\sqrt{(6t)^2+(6t)^2}=\sqrt{(6t-6)^2+(6t-6)^2}$이다.

양변 제곱하면 $4\times(36t^2+36t^2)=2\times(6t-6)^2$, $t=-1, \dfrac{1}{3}$이다.

이 때, $t=-1$이면 선분 AB위에 점 C가 있지 않으므로

$t=\dfrac{1}{3}$이다.

$\therefore C(2, 0, 3)$

25 정답 ①

점 $P(a, b)$라 하면, $a^2-\dfrac{b^2}{3}=1$이고, 점 P에서의 접선은

$ax-\dfrac{by}{3}=1$이다.

x절편이 $\dfrac{1}{3}$이므로 $\dfrac{1}{3}a=1, a=3$

$a^2-\dfrac{b^2}{3}=1$에서 $b^2=24, b=2\sqrt{6}$

즉, $P(3, 2\sqrt{6}), F(2, 0)$이므로 $\therefore \overline{PF}=\sqrt{1+24}=5$

26 정답 ②

$\overline{OA}=\sqrt{a^2+(-3)^2+4^2}=\sqrt{a^2+25}=\sqrt{27}, \therefore a=\sqrt{2}$

즉, 구 $S=(x-\sqrt{2})^2+(y+3)^2+(z-4)^2=25$

($\because$ 반지름=x축까지의 거리=5)이고

z축과 만나는 점은 $x=0, y=0$을 대입하면 되므로,

$2+9+(z-4)^2=25, z=4\pm\sqrt{14}$

$\therefore$ 두 점 사이의 거리 $=2\sqrt{14}$

27 정답 ④

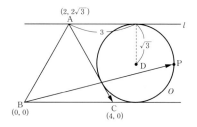

점 B를 $(0, 0)$라 하자.

원의 중심을 D라 하면, $D(5, \sqrt{3})$이다.

$\overrightarrow{AC}=(2, -2\sqrt{3}), \overrightarrow{BP}=\overrightarrow{BD}+\overrightarrow{DP}$이고, $\overrightarrow{DP}$는 크기가 $\sqrt{3}$이고 모든 방향이 가능하다.

즉, $\overrightarrow{AC}+\overrightarrow{BP}=(7, -\sqrt{3})+\overrightarrow{DP}$에서

$|\overrightarrow{AC}+\overrightarrow{BP}|$의 최대 $M: \sqrt{49+3}+\sqrt{3}$, 최소 $m: \sqrt{49+3}-\sqrt{3}$

$\therefore Mm=49$

28 정답 ⑤

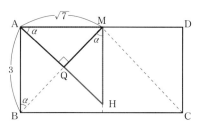

[그림 1]

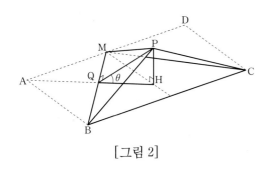

[그림 2]

$\cos\theta = \dfrac{\overline{QH}}{\overline{PQ}}$ 이고, $\overline{PQ}=\overline{AQ}$ 이다.

[그림1]의 $\triangle AQM$에서, $\overline{AQ}=\sqrt{7}\cos\alpha$ 이고 $\triangle MQH$에서,

$\overline{QH}=\overline{MQ}\tan\alpha=\sqrt{7}\sin\alpha\tan\alpha$ 이다.

또한 $\triangle ABM$에서 $\sin\alpha=\dfrac{\sqrt{7}}{4}$, $\cos\alpha=\dfrac{3}{4}$, $\tan\alpha=\dfrac{\sqrt{7}}{3}$ 이므로,

$\therefore \cos\theta = \dfrac{\overline{QH}}{\overline{PQ}} = \dfrac{\sqrt{7}\times\dfrac{\sqrt{7}}{4}\times\dfrac{\sqrt{7}}{3}}{\sqrt{7}\times\dfrac{3}{4}} = \dfrac{7}{9}$

㉙ 정답 66

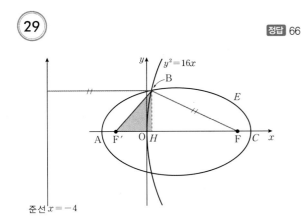

준선 $x=-4$

타원 E의 장축에서의 다른 한 꼭짓점을 C라 하고,

점 B에서 x축에 내린 수선의 발을 H라 하자.

$\overline{BF}=\dfrac{21}{5}$ 이므로, 점 B에서 준선까지의 거리는 $\dfrac{21}{5}$,

$\overline{OH}=\dfrac{1}{5}$ 이므로 점 $B\left(\dfrac{1}{5},\ \dfrac{4}{\sqrt{5}}\right)$이다.

$\overline{BF'}=S$라 두면, 장축의 길이는 $\dfrac{21}{5}+S$이다.

또한, $\overline{AF}=6$이므로 $\overline{AF'}=\overline{CF}=\left(\dfrac{21}{5}+S\right)-6=S-\dfrac{9}{5}$ 이다.

$\overline{HF'}=\overline{AH}-\overline{AF'}=4-S$이다.

$\triangle BF'H$에서 $S^2=(4-S)^2+\dfrac{16}{5}$, $S=\dfrac{12}{5}$

따라서. 장축 $k=\dfrac{21}{5}+S=\dfrac{33}{5}$, $\therefore 10k=66$

㉚ 정답 37

(가)

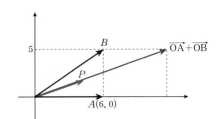

점 P에서 x축에 내린 수선의 발을 P′라 하면

$\overrightarrow{OA}\cdot\overrightarrow{OP}\leq 21$, $|\overrightarrow{OA}|\times|\overrightarrow{OP'}|\leq 21$

$\therefore 0\leq$ P의 x좌표 $\leq\dfrac{21}{6}$

(나) $|\overrightarrow{AQ}|=|\overrightarrow{AB}|$ 이므로 점 Q는 점 A가 중심이고 반지름이 5인 원 위의 점이다.

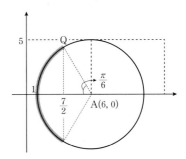

점 Q에서 x축에 내린 수선의 발을 Q′라 하면 $\overrightarrow{OA}\cdot\overrightarrow{OQ}\leq 21$, $|\overrightarrow{OA}|\times|\overrightarrow{OQ'}|\leq 21$

$\therefore 1\leq$ P의 x좌표 $\leq\dfrac{21}{6}$

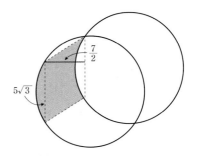

즉, $\overrightarrow{OX}=\overrightarrow{OP}+\overrightarrow{OQ}$가 나타내는 도형 넓이:

$\dfrac{7}{2}\times 5\sqrt{3}=\dfrac{35\sqrt{3}}{2}$, $\therefore p+q=37$

2023학년도 사관학교 문제 풀이

제○교시	수학 영역				
공통 과목	**수학1 수학2**	01 ③	02 ②	03 ②	04 ④	05 ①
		06 ⑤	07 ③	08 ②	09 ④	10 ②
		11 ⑤	12 ①	13 ④	14 ②	15 ⑤
		16 8	17 6	18 10	19 64	20 14
		21 35	22 11			
선택 과목	**확통**	23 ②	24 ③	25 ④	26 ③	27 ①
		28 ④	29 25	30 27		
	미적	23 ②	24 ③	25 ①	26 ④	27 ⑤
		28 ②	29 49	30 4		
	기하	23 ①	24 ⑤	25 ④	26 ③	27 ②
		28 ⑤	29 261	30 7		

공통

01 정답 ③

$$\frac{4}{3^{-3}(3+1)}=3^3=27$$

02 정답 ②

$f'(x)=(3x^2-4x)(ax+1)+(x^3-2x^2+3)\times a$이므로

$f'(0)=3a=15 \quad \therefore a=5$

03 정답 ②

$a_2=4$, $\dfrac{(a_3)^2}{a_1\times a_7}=\dfrac{(a_3)^2}{(a_4)^2}=\dfrac{1}{r^2}=2$에서 $r^2=\dfrac{1}{2}$

$\therefore a_4=a_2\times r^2=4\times\dfrac{1}{2}=2$

04 정답 ④

$\lim\limits_{x\to1+}f(x)=2$, $\lim\limits_{x\to-3-}f(x)=2$이므로

$\therefore 2+2=4$

05 정답 ①

근과 계수의 관계에서 $\sin\theta+\cos\theta=\dfrac{1}{5}$, $\sin\theta\cos\theta=\dfrac{a}{5}$

$\sin\theta\cos\theta=\dfrac{(\sin\theta+\cos\theta)^2-1}{2}=-\dfrac{12}{25}$ $\therefore a=-\dfrac{12}{5}$

06 정답 ⑤

$f(x)$는 y축 대칭인 우함수이므로 $x=0$에서 극대를 가지고 $x=\pm a$에서 극소를 가진다.

$f'(x)=2x^3+2ax$, $f'(a)=2a^3+2a^2=2a^2(a+1)=0$이므로,

$a=-1 (\because a\neq0)$

$f(0)=b=a+8=7$ $\therefore a+b=6$

07 정답 ③

$B\left(-\dfrac{2}{m},\,0\right)$, $C(0,\,2)$이고 $\overline{AB}:\overline{AC}=2:1$ 이므로,

점 A의 좌표는 $\left(-\dfrac{2}{3m},\,\dfrac{4}{3}\right)$이다.

A가 곡선 위에 있는 점이므로, $\left(\dfrac{1}{3}\right)\left(\dfrac{1}{2}\right)^{x-1}=\dfrac{4}{3}$, $x=-1$

$\therefore -\dfrac{2}{3m}=-1$, $m=\dfrac{2}{3}$

수학 영역

08 정답 ②

$f(x)$는 $x=a$에서 미분가능하면 그 외 지점에서는 모두 미분가능한 함수이다.

$f(x)$가 $x=a$에서 연속이어야 하므로

$a^2-2a=2a+b$ ······ ㉠

$f'(a)$가 존재해야 하므로 $2a-2=2$, $a=2$

$a=2$를 ㉠에 대입하면 $b=-4$ ∴ $a+b=-2$

09 정답 ④

$y=|\log_2(-x)|$와 $y=|\log_2(-x+8)|$은 $x=\dfrac{8+k}{2}$에서 대칭인 함수이다.

세 교점이 $x=\dfrac{8+k}{2}$에 대해 대칭이고 교점의 합이 18이므로 $x=6$에서 대칭이다.

∴ $\dfrac{8+k}{2}=6$, $k=4$

10 정답 ②

(나)에서 $x>0$일 때, $f'(x)>0$인 x는 $1<x<3$이므로, $0<x<1$, $x>3$에서 $f'(x)<0$이다. $x<0$일 때, 모든 x에 대해서 $f'(x)\geq0$이므로 $f'(x)=px(x-1)(x-3)$ $(p<0)$이다.

즉, $f'(4)=12p=-24$, $p=-2$

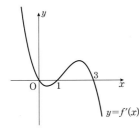

$f'(x)=-2x^3+8x^2-6x$

$f(x)=-\dfrac{1}{2}x^4+\dfrac{8}{3}x^3-3x^2+2$ ($\because f(0)=2$)

∴ $f(2)=-8+\dfrac{64}{3}-12+2=\dfrac{10}{3}$

11 정답 ⑤

$Q_nR_n\leq P_nQ_n$인 n의 범위는 $Q_nR_n\leq\dfrac{1}{2}P_nR_n$를 만족하는 n의 범위이므로,

$\dfrac{1}{20}n\left(n+\dfrac{1}{3}\right)\leq\dfrac{1}{2}n$, $n\leq\dfrac{29}{3}$

즉, $1\leq n\leq9$에서 $a_n=R_nQ_n$, $n=10$일 때 $a_n=P_nQ_n$

$\displaystyle\sum_{n=1}^{10}a_n=\left\{\sum_{n=1}^{9}\dfrac{1}{20}n\left(n+\dfrac{1}{3}\right)\right\}+a_{10}=\dfrac{9\times10}{120}(19+1)+\dfrac{29}{6}$ ∴ $\dfrac{119}{6}$

12 정답 ①

$x\neq2$에서 $f(\alpha)=\lim\limits_{x\to\alpha+}f(x)$이므로 $\alpha<2$에서 $\alpha^2+1=2$, $\alpha=\pm1$이고, $\alpha>2$에서 $a\alpha+b=2$

만족하는 α값 1개 존재할 수 있으므로, $f(\alpha)=2$를 만족하는 해의 개수는 3개까지 가능하다. 즉, $x=2$에서 $f(\alpha)+\lim\limits_{x\to\alpha+}f(x)=4$를 만족해야 실수 α의 개수가 4개가 가능하다.

즉, $f(2)+2a+b=4$, $2a+b=-1$ ······ ㉠

$a\alpha+b=2$ 만족하는 α값을 k라 두면, α의 총 합이 8이므로 $k=6$이다. 즉, $6a+b=2$ ······ ㉡

㉠, ㉡ 식을 연립하면 $a=\dfrac{3}{4}$, $b=-\dfrac{5}{2}$, ∴ $a+b=-\dfrac{7}{4}$

13 정답 ④

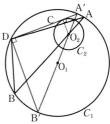

(가) : $2r$ ······ $f(r)$

$\overline{BD}$가 최대이려면 직선 AD가 C_2에서 접해야 하므로 $\sin A=\dfrac{1}{\overline{AO_2}}$이고, O_1, O_2, A가 일직선상에 있을 때, $\overline{AO_2}$는 최소, $\overline{BD}$가 최대가 된다.

(나) : $\overline{AO_2}$의 최솟값 $=r-2$ ······ $g(r)$

△A'C'O_1에서 코사인법칙을 쓰면

$\overline{O_1C'}^2=\overline{A'C'}^2+\overline{A'O_1}^2-2\times\overline{A'C'}\times\overline{A'O_1}\times\cos A$

(다) : $(r-2)^2-1+r^2-2\times\sqrt{t(r-2)^2-1}\times r\times\dfrac{(r-2)^2-1}{r-2}$ ······ $h(r)$

∴ $f(4)=8$, $g(5)=3$, $h(6)=4^2-1+6^2-\dfrac{2(4^2-1)\times6}{4}=6$,

$8\times3\times6=144$

14 정답 ②

$g(x)$의 개형으로 가능한 경우는 아래 2가지이다.

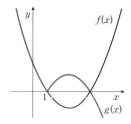 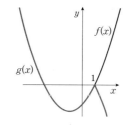

ㄱ. $f(1)=2f(1)-f(1)$이므로 $g(x)$는 $x=1$에서 연속이므로 실수 전체에서 연속이다. (참)

ㄴ. 분모→0이므로 분자→0에서 $g(-1)=3$, $g(1)=1$

$$\lim_{h\to 0^+}\left\{\frac{g(-1+h)-g(-1)}{h}-\frac{g(-1-h)-g(-1)}{h}\right\}$$
$$=g'(-1^+)-g'(-1^-)=a$$

$x=-1$에서 미분가능하므로 $a=0$

$f(x)=(x-1)(x-k)+1$에서

$g(-1)=f(-1)=-2\times(-1-k)+1=3$, $k=0$

$\therefore g(0)=f(0)=1$ (참)

ㄷ. $x=b$에서 미분가능하면 극한값=0 이므로 $x=b$에서 미분이 불가능하므로 $b=1$이다. $g(1)=3$, $g'(1^+)-g'(1^-)=4$이므로 만족하는 $g(x)$의 개형은 첫 번째 개형이다.

즉, $g'(1^+)=-f'(1)$, $g'(1^-)=f'(1)$

$f(x)=(x-1)(x-k)+3$이라 두면, $f'(1)=1-k$이므로

$-2f'(1)=4 \Rightarrow k=3$

$\therefore g(4)=2f(1)-f(4)=0$ (거짓)

15 정답 ⑤

$f(x)$의 가로축인 $-(a-2)(b-2)$값에 따라 개형이 다르므로 아래와 같이 2가지 경우로 나누어 관찰할 수 있다.

i) $(a-2)(b-2)=0$인 경우 $\cos\frac{b}{2}x$의 주기는 $\frac{4\pi}{b}$ 이므로

$f(x)=\left|2a\cos\frac{b}{2}x\right|$의 주기는 $\frac{2\pi}{b}=\pi$, $b=2$즉, $f(x)$그래프는 아래와 같다.

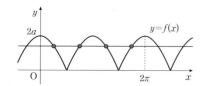

모든 a에 대해서 $2a-1<2a$이고 $0\leq x\leq 2\pi$에서의 교점 개수는 4개를 만족하므로 조건을 만족하는 (a, b)는 $(1, 2)$, $(2, 2)$ … $(10, 2)$으로 총 10쌍이다.

ii) $(a-2)(b-2)\neq 0$인 경우

$f(x)$의 주기는 $\frac{4\pi}{b}=\pi$이므로 $b=4$, $a\neq 2$

$a=1$일 때,

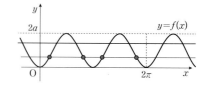

$0\leq x\leq 2\pi$에서의 교점 개수가 4개이므로 만족하는 (a, b)는 $(1, 4)$로 1쌍이 존재한다.

$a>2$일 때,

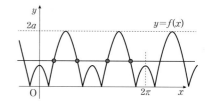

$0\leq x\leq 2\pi$에서의 교점 개수가 4개이려면 $y=f(x)$의 그래프 중 높이가 낮은 극댓값보다는 $y=2a-1$가 위에 있고 높이가 높은 극댓값보다는 아래에 있어야하므로,

$(a-2)(b-2)-2a<2a-1<(a-2)(b-2)+2a$

를 만족해야 한다.

즉, $-4<2a-1<4a-4$에서 $a>2$일 때 항상 성립하므로 조건을 만족하는 순서쌍 (a, b)는 $(3, 4),(4, 4)\cdot S(10, 4)$로 총 8쌍이 존재한다. $\therefore 10+1+8=19$

16 정답 8

$$\frac{1}{\log_3 a}+\frac{1}{\log_3 b}=\frac{\log_3 a+\log_3 b}{\log_3 a\times\log_3 b}=\frac{\log_3 ab}{2}=4,$$

$\therefore \log_3 ab=8$

17 정답 6

$f(1)=a+2$, $f'(1)=8$이므로

$(1, f(1))$에서의 접선은 $y=8(x-1)+f(1)=8x+a-6$

접선이 $(0, 0)$을 지나므로 $\therefore a=6$

수학 영역

공통

(18) 정답 10

두 곡선이 만나는 지점은

$x^3+2x=3x+6 \Rightarrow x^3-x-6=(x-2)(x^2+2x+3)=0$

에서 $x=2$이다. 즉 두 곡선과 y축으로 둘러싸인 부분의 넓이는

$$\left|\int_0^2 x^3+2x-(3x+6)dx\right|=\left|\left\{\frac{1}{4}x^4-\frac{1}{2}x^2-6x\right\}_0^2\right|$$
$$=|4-2-12|=10$$

$\therefore 10$

(19) 정답 64

$a_1=1, a_2=2, a_3=3, a_4=2\times a_2=4 \cdots$ 이고 $a_7=3a_3=9$이므로

$a_k=64$를 만족하는 k를 찾으면 된다.

$a_k=64 \Rightarrow a_{\frac{k}{2}}=32 \Rightarrow a_{\frac{k}{4}}=16 \Rightarrow a_{\frac{k}{8}}=16 \Rightarrow a_{\frac{k}{16}}=4=a_4$이므로

$k=64$

(20) 정답 14

$y=v(t)=0$ 을 만족하는 두 t의 값을 각각 t_1, t_2라 두자.

$s(k)=\int|v(t)|dt, \ x(k)=\int v(t)dt$이고

(가), (나)에서 $k\geq3$에서 $s(k)-x(k)=8$로 항상 일정하므로

$k\geq3$에서 $s(k)-x(k)=\int_{t_1}^{t_2}-2v(t)\,dt\}=8$이고 $t_2=3$이다.

이 때 $\int_{t_1}^{t_2}-2v(t)dt$는 아래 그림과 같이 색칠한 면적의 2배이므로

$(t_3-t_1)\times4=8$ 에서 $t_3-t_1=2$이므로 $t_1=1$이다.

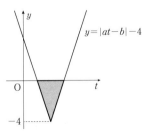

따라서 $\int_1^6 v(t)dt$는 아래 그림과 같이 색칠한 부분의 정적분 값이고 닮음에 의해 $v(6)=12$이므로 $\int_1^6 v(t)dt=\frac{1}{2}\times(3\times12-2\times4)=14$이다.

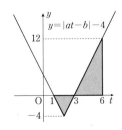

(21) 정답 35

(가) $2a+11d=-\frac{1}{2}$ ······ ㉠

(나) $2a+(l+m-2)d=1$ ······ ㉡라 두자.

㉠－㉡ : $\frac{3}{2}=(l+m-13)d$에서 $(l+m-13)$값에 따라 d의 값이 하나로 결정된다. $l+m-13=k$라 하면, $l+m=13+k$에서 만족하는 (l, m)개수가 6쌍이 나와야 하므로 가능한 경우는 $(1, 13), (2, 12), (3, 11) \cdots (6, 8)$에서 $k=1$이다.

즉, $d=\frac{3}{2}$이므로 ㉠에서 $a=-\frac{17}{2}$

$\therefore S=\frac{14(a_1+a_{14})}{2}=7\times\left\{-\frac{17}{2}+\left(-\frac{17}{2}+13\times\frac{3}{2}\right)\right\}$

$\quad =\frac{35}{2}, \ 2S=35$

(22) 정답 11

$g(x)=\begin{cases}1 & (f(x)\leq1) \\ 2f(x)-1 & (f(x)>1)\end{cases}$ 이고 $f(1)=1, f'(1)=0$이므로

$g(x)=f(x)$의 교점은 $f(x)=1$의 교점과 같다.

$f(x)=1$을 만족하는 x좌표를 1, k라 하면 $1+k=3\rightarrow k=2$,

$\therefore f(x)=p(x-1)^2(x-2)+1$

즉, 가능한 $f(x)$, $g(x)$는 아래와 같이 $p>0$인 경우, $p<0$인 경우 총 2가지 개형이다.

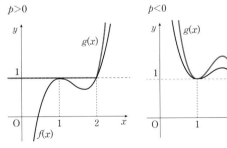

(나) $n<\int_0^n g(x)dx<n+16$에서 $n=\int_0^n 1dx$이므로 $0<\int_0^n \{g(x)-1\}dx<16$을 만족하고, 모든 자연수 n에 대해 적분값이 제한된 범위에서 존재하려면 두 번째 개형이므로 $p<0$이다.

즉, $\int_0^2 2(f(x)-1)dx=\int_0^2 2p(x-1)^2(x-2)dx=-\frac{4}{3}p<16$

$\therefore -12<p<0, \ 11$개

기출문제 정답과 해설 **379**

확률과 통계

23 〔정답 ②〕

$_6C_4 \times 2^2 = 60$

24 〔정답 ③〕

확률 총 합은 1이므로 $a + \dfrac{a}{2} + \dfrac{a}{3} = 1 \Rightarrow a = \dfrac{11}{6}$

$E(X) = 3a = \dfrac{88}{11}$ 이므로 $\therefore E(11X + 2) = 18 + 2 = 20$

25 〔정답 ④〕

모집단은 정규분포 $N(42, 4^2)$을 따르므로, 크기가 4인 표본은 정규분포 $N(42, 2^2)$를 따른다.

$\therefore P(X \geq 43) = P\left(Z \geq \dfrac{43-42}{2}\right) = 0.5 - 0.1915 = 0.3085$

26 〔정답 ③〕

A와 C도 이웃하지 않고 B와 C도 이웃하지 않는 경우의 수는 6명이 원탁에 둘러앉는 전체 경우의 수에서 "A와 C가 이웃하거나 B와 C가 이웃하는 경우의 수"를 빼주면 된다.

전체 경우의 수는 $5! = 120$가지이고

ⅰ) A와 C가 이웃 : $4! \times 2 = 48$

ⅱ) B와 C가 이웃 : $4! \times 2 = 48$

ⅲ) A와 C, B와 C가 동시이웃 : A–C–B, B–C–A 총 2가지 이웃하는 경우의 수가 존재하므로 $3! \times 2 = 12$이다.

$\therefore 120 - (48 + 48 - 12) = 36$

27 〔정답 ①〕

판별식 $D/4 = b^2 - a(a-3) \geq 0$, $b^2 \geq a(a-3)$이므로

$b = 1 \Rightarrow a = 1, 2, 3$

$b = 2 \Rightarrow a = 1, 2, 3, 4$

$b = 3 \Rightarrow a = 1, 2, 3, 4$

$b = 4 \Rightarrow a = 1, 2, 3, 4, 5$

$b = 5, 6 \Rightarrow a = 1, 2, 3, 4, 5, 6$

총 28가지의 경우가 가능하다.

$\therefore \dfrac{28}{36} = \dfrac{7}{9}$

28 〔정답 ④〕

$f(1) = x$, $f(2) = y$, $f(3) = z$, $f(4) = w$라 하면

조건을 만족하는 함수 f의 개수는 방정식 $x + y + z + w = 8$의 해의 개수과 같다. 이 때 공역의 원소가 6까지이므로 (1, 0, 0, 7), (0, 0, 0, 8)인 경우는 제외해주어야 한다.

해가 (1, 0, 0, 7)인 경우 : $\dfrac{4!}{2!} = 12$가지,

해가 (0, 0, 0, 8)인 경우 : 4가지 이므로

$\therefore {}_4H_8 - 16 = {}_{11}C_3 - 16 = 149$

29 〔정답 25〕

(가) $P\left(Z \leq \dfrac{11-a}{\sigma}\right) = P\left(Z \leq \dfrac{11+a-2b}{\sigma}\right)$이므로

$\dfrac{11-a}{\sigma} + \dfrac{11+a-2b}{\sigma} = 0$ 이다. 즉, $b = 11$

(나) 확률밀도함수는 대칭축에 가까울수록 값이 크므로

$|a-17| > |12-a| > |15-a|$이다.

$|a-17| > |12-a| \Rightarrow a < 14.5$,

$|12-a| > |15-a| \Rightarrow a > 13.5$ 에서 $a = 14$

$\therefore a + b = 25$

30 정답 27

총 4번의 시행에서 동시에 뽑은 두 개의 공이 같은 색인 횟수를 a번, 다른 색인 횟수를 b번이라 하자.

4번째 시행의 결과 주머니 A의 공의 개수가 0개여야 하므로 $2+a-b=0$ 에서 $a=1$, $b=3$

주머니 A, B에서 꺼낸 공을 순서쌍 (A, B)로 표현할 때, 4번째 시행 후 A의 공의 개수가 0일 때의 경우는 아래 표와 같다.

시행 1	시행 2	시행 3	시행 4	확률	
(흰, 흰) A(흰 2, 검 1) B(흰 0, 검 1)	(흰, 검) A(흰 1, 검 1) B(흰 1, 검 1)	(흰, 검) A(흰 0, 검 1) B(흰 2, 검 1)	(검, 흰) A(흰 0, 검 1)	$\frac{1}{4} \times \frac{2}{3} \times \frac{1}{4} \times \frac{2}{3} = \frac{1}{36}$	①
		(검, 흰) A(흰 1, 검 0) B(흰 1, 검 2)	(흰, 검)	$\frac{1}{4} \times \frac{2}{3} \times \frac{1}{4} \times \frac{2}{3} = \frac{1}{36}$	②
(검, 검) A(흰 1, 검 2) B(흰 1, 검 0)	(검, 흰) A(흰 1, 검 1) B(흰 1, 검 1)	(흰, 검) A(흰 0, 검 1) B(흰 2, 검 1)	(검, 흰)	$\frac{1}{4} \times \frac{2}{3} \times \frac{1}{4} \times \frac{2}{3} = \frac{1}{36}$	③
		(검, 흰) A(흰 1, 검 0) B(흰 1, 검 1)	(흰, 검)	$\frac{1}{4} \times \frac{2}{3} \times \frac{1}{4} \times \frac{2}{3} = \frac{1}{36}$	④
(흰, 검) A(흰 0, 검 1) B(흰 2, 검 1)	(검, 검) A(흰 0, 검 2) B(흰 2, 검 0)	(검, 검) A(흰 0, 검 1) B(흰 2, 검 1)	(검, 흰)	$\frac{1}{4} \times \frac{1}{3} \times 1 \times \frac{2}{3} = \frac{1}{18}$	⑤
(검, 흰) A(흰 1, 검 0) B(흰 1, 검 2)	(흰, 흰) A(흰 2, 검 0) B(흰 0, 검 2)	(흰, 검) A(흰 1, 검 0) B(흰 1, 검 2)	(흰, 검)	$\frac{1}{4} \times \frac{1}{3} \times 1 \times \frac{2}{3} = \frac{1}{18}$	⑥

2번째 시행의 결과 주머니 A안에 들어있는 흰 공의 개수가 1이상인 경우는 ①, ②, ③, ④, ⑥이므로

$$p = \frac{4 \times \frac{1}{36} + \frac{1}{18}}{4 \times \frac{1}{36} + 2 \times \frac{1}{18}} = \frac{3}{4}, \therefore 36p = 27$$

미적분

23 정답 ②

준식 $= \lim\limits_{n \to \infty} \dfrac{\sqrt{an^2+bn}+\sqrt{n^2-1}}{an^2+bn-n^2+1} = 4$에서 분모와 분자의 차수가 동일해야하므로 $a=1$.

$\lim\limits_{n \to \infty} \dfrac{\sqrt{an^2+bn}+\sqrt{n^2-1}}{an^2+bn-n^2+1} = \dfrac{2}{b} = 4 \Rightarrow b = \dfrac{1}{2}$ $\therefore ab = \dfrac{1}{2}$

24 정답 ③

$f(1)=5$이므로 $f'(x)=3x^2+3$에서, $g'(5) = \dfrac{1}{f'(1)} = \dfrac{1}{6}$

$\therefore h'(g(5)) \times g'(5) = h'(1) \times \dfrac{1}{6} = \dfrac{e}{6}$

25 정답 ①

$\therefore \lim\limits_{n \to \infty} \sum\limits_{k=1}^{n} \dfrac{\frac{2}{n}}{1+\frac{k}{5}} f\left(1+\dfrac{k}{5}\right) = \int_1^2 \dfrac{2f(x)}{x} dx = \int_1^2 2xe^{x^2-1} dx$

$\qquad\qquad = [e^{x^2-1}]_1^2 = e^3 - 1$

26 정답 ④

$f(x) = \int \dfrac{\ln t}{t^2} dt = -\dfrac{1}{t}\ln t - \int \dfrac{1}{t} \times -\dfrac{1}{t} dt = -\dfrac{\ln t}{t} - \dfrac{1}{t} + C$

$f(1) = -1 + C = 0 \Rightarrow C = 1$

$\therefore f(e) = -\dfrac{1}{e} - \dfrac{1}{e} + 1 = \dfrac{e-2}{e}$

27 　정답 ⑤

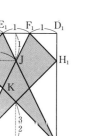

$$S_1 = 4 \times 3 - \left\{ 3 \times \frac{1 \times 1}{2} + 2 \times \frac{3 \times 1}{2} + \frac{3}{2} \times \frac{3}{2} \right\} = \frac{21}{4}$$

□$A_2B_2C_2D_2$의 가로를 $3t$, 세로를 $4t$라 두면, $11t=3 \Rightarrow 3t=\dfrac{9}{11}$에

서 □$A_1B_1C_1D_1$와 $A_2B_2C_2D_2$의 닮음비는 $\dfrac{3}{11}$이므로, 공비는

$\dfrac{9}{121}$이다.

$$\therefore \frac{\frac{21}{4}}{1 - \frac{9}{121}} = \frac{363}{64}$$

28 　정답 ②

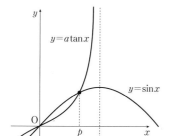

두 곡선의 교점의 x좌표를 p라 하면

$\sin p = a \tan p \Rightarrow a = \cos p$이므로 $\dfrac{da}{dp} = -\sin p$이다.

$f(a) = \displaystyle\int_0^p (\sin x - a \tan x) dx = -\cos p + a \ln|\cos p|$이므로

$f'(a) = \dfrac{df}{da} = \sin p \dfrac{dp}{da} + \ln|\cos p| - a \tan p \dfrac{dp}{da}$이다.

이 때, $a = \cos p = \dfrac{1}{e^2} \Rightarrow \sin p = \dfrac{\sqrt{e^2-1}}{e^2}$, $\tan p = \sqrt{e^2-1}$이므로

$$\therefore f'\left(\frac{1}{e^2}\right) = \sin p\left(-\frac{1}{\sin p}\right) + \ln\frac{1}{e^2} + \frac{1}{e^2} \times \sqrt{e^2-1}$$
$$\times \frac{e^2}{\sqrt{e^2-1}} = -2$$

29 　정답 49

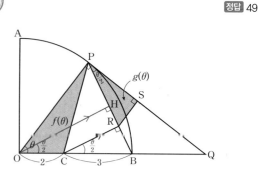

$f(\theta) = \dfrac{1}{2} \times 2 \times 5 \times \sin\theta$

$\triangle BOH \backsim \triangle BCR$이고 $\overline{BC} : \overline{CO} = 3 : 2 = \overline{BR} : \overline{RH}$,

$\overline{BH} = 5\sin\dfrac{\theta}{2}$이므로 $\overline{RH} = 2\sin\dfrac{\theta}{2} \Rightarrow \overline{PR} = 7\sin\dfrac{\theta}{2}$이다.

$g(\theta) = \dfrac{1}{2} \times \overline{PR} \times \overline{PR}\cos\dfrac{\theta}{2}\sin\dfrac{\theta}{2} = \dfrac{1}{2}\left(7\sin\dfrac{\theta}{2}\right)^2 \cos\dfrac{\theta}{2}\sin\dfrac{\theta}{2}$

$$\therefore 80 \times \left\{ \lim_{\theta \to 0+} \frac{g(\theta)}{\theta^2 f(\theta)} = \lim_{\theta \to 0+} \frac{\frac{1}{2} \times 49\sin^2\frac{\theta}{2} \times \cos\frac{\theta}{2} \times \sin\frac{\theta}{2}}{\theta^2 \frac{1}{2} \times 2 \times 5 \times \sin\theta} \right\}$$
$$= 80 \times \frac{49}{80} = 49$$

30 　정답 4

(가) $\displaystyle\lim_{x \to 0-} g(x) = \lim_{x \to 0-} \frac{f(x+1)}{x} = 2 \Rightarrow f(1) = 0, f'(1) = 2$ 이므로

$f(x) = -2(x-1)(x-2)$ $a>0$에서 $g(x) = f(x)e^{x-a} + b$

$g'(x) = (f(x) + f'(x))e^{x-a} = (-2x^2 + 2x + 2)e^{x-a}$

$g'(a) = -2a^2 + 2a + 2 = -2 \Rightarrow a = 2$

따라서 $g(x) = \begin{cases} -2(x-1) & (x<0) \\ -2(x-1)(x-2)e^{x-2} + b & (x \geq 0) \end{cases}$ 이다.

(나)에서 $s < 0 \leq t$인 임의의 s, t에서의 기울기가 항상 2 이하이므로 $y = -2(x-1)(x-2)e^{x-2} + b$가 $y = -2(x-1)$와 접하거나 아래에 위치해야 한다.

b가 최대이려면 $y = -2(x-1)(x-2)e^{x-2} + b$와 $y = -2(x-1)$가 접할 때이므로 접점의 x좌표를 m이라 하면 $g'(m) = -2 \Rightarrow m = 2$

접점 $(2, -2)$가 $g(x)$위의 점이므로 $b = -2$이다.

$\therefore a - b = 4$

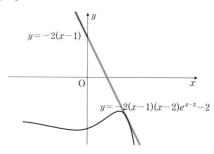

기하

23 정답 ①

Q$(2,-1,-3)$이므로 $\therefore \overline{PQ}=2\sqrt{10}$

24 정답 ⑤

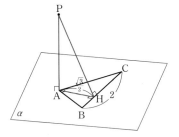

$\triangle ABC$는 직각삼각형이므로 $\overline{BC}=2$이고, 그림에서와 같이 A에서 $\overline{BC}$에 내린 수선의 발을 H라 하면, $\overline{AH}=\dfrac{\sqrt{3}}{2}$이다. 삼수선의 정리에 따라 $\overline{PA}\perp\overline{AH}$, $\overline{PH}\perp\overline{BC}$ 이므로 점 P와 $\overline{BC}$ 사이의 거리는 $\overline{BH}$이다. $\therefore \overline{BH}=\sqrt{4+\dfrac{3}{4}}=\dfrac{\sqrt{19}}{2}$

25 정답 ④

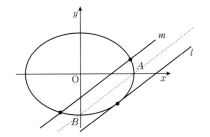

$\triangle ABP$넓이가 k인 점 P의 개수가 3개이려면, 그림과 같이 $\overline{AB}$와 기울기가 같고 타원에 접하는 접선 l의 접점이 P중 하나여야 하고 나머지 두 점은 $\overline{AB}$와 l사이의 거리와 같은 거리에 위치한 직선 m과 타원의 교점이어야 한다.

접선 l : $y=\dfrac{3}{4}x-\sqrt{\dfrac{9}{16}\times16+9}=\dfrac{3}{4}x-3\sqrt{2}$

접선 l과 점 A사이의 거리 $d=\dfrac{|-12-12\sqrt{2}|}{5}=\dfrac{12(\sqrt{2}-1)}{5}$

$\therefore k=\dfrac{1}{2}\times5\times\dfrac{12(\sqrt{2}-1)}{5}=6(\sqrt{2}-1)$

26 정답 ③

$\overline{AD}$ 는 $\overline{BC}$의 수직이등분선이므로 $m=n$

$\triangle BDM \backsim \triangle ADM$이고 $\overline{MD}:\overline{AM}=1:3$이므로

$\overrightarrow{AM}=\dfrac{1}{2}\left(\overrightarrow{AB}+\overrightarrow{AC}\right)\Rightarrow\overrightarrow{AD}=\dfrac{4}{3}\overrightarrow{AM}=\dfrac{2}{3}\left(\overrightarrow{AB}+\overrightarrow{AC}\right)$

$\therefore m=n=\dfrac{2}{3}$, $m+n=\dfrac{4}{3}$

27 정답 ②

$ax^2-4y^2=a \Rightarrow \dfrac{x^2}{1}-\dfrac{y^2}{\frac{a}{4}}=1$이므로 주축 길이는 2이다.

즉 $\overline{PF'}-\overline{PF}=2$, $\overline{PF}=\sqrt{6}-1$, $\overline{PF'}=\sqrt{6}+1$, $\overline{QF'}=2$이다.

$\triangle QFF'$에서 $\angle F'QF=120°$이므로, 코사인법칙에 의해

$\overline{FF'}^2=2^2+\left(\sqrt{6}-1\right)^2-2\times2\times\left(\sqrt{6}-1\right)\times\left(-\dfrac{1}{2}\right)=9$

$\therefore \overline{FF'}^2=9=4\left(1+\dfrac{a}{4}\right)\Rightarrow a=5$

28 정답 ⑤

$\dfrac{\overline{BJ}}{\overline{BI}}=\dfrac{2\sqrt{15}}{3}$ 이므로 $\overline{BI}=3k$, $\overline{BJ}=2\sqrt{15}k$라 두자.

$\triangle AJB$에서 $\overline{AJ}=8\sqrt{5}-3k$이므로 피타고라스 정리에 의해

$(8\sqrt{5})^2-(8\sqrt{5}-3k)^2=(2\sqrt{15}k)^2\Rightarrow k=\sqrt{5}$, $\overline{AJ}=2\sqrt{5}$, $\overline{BJ}=10\sqrt{3}$

또한 $\triangle AJB \backsim \triangle AHC$이고 $\overline{AJ}:\overline{AH}=2:5$ 이므로

$\therefore \overline{HC}=\dfrac{5}{2}\overline{BJ}\Rightarrow\dfrac{5}{2}\times10\sqrt{3}=25\sqrt{3}$

29   정답 261

구 $S : (x-4)^2+(y-3)^2+(z-2)^2=29$를 $z=0$ ($\because xy$평면),
$z=7$에서의 평면화한 그림은 아래와 같다.

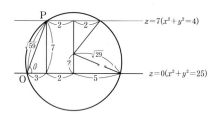

(가)에 의해 평면 α와 xy평면이 이루는 각은 θ이고, 원 C의 반지름 길이는 $\sqrt{\dfrac{58}{2}}$ 이므로 원 C의 xy평면 위로의 정사영 넓이는

$$k\pi=\left(\sqrt{\frac{58}{2}}\right)^2\pi\times\frac{3}{\sqrt{58}}=\frac{3\sqrt{58}}{4}\pi$$

$$\therefore 8k^2=8\times\frac{9\times58}{16}=261$$

30   정답 7

점 C는 $y=-2x$위의 점이고 점 P의 좌표를 $P(x, y)$라 두자.

(가) : $5(4, -6)\cdot(x, y)-(2, 6)\cdot(x-6, y)=12 \Rightarrow y=\dfrac{1}{2}x$이므로 점 P는 직선 $y=\dfrac{1}{2}x$위의 점이다.

직선 $AB : y=-\dfrac{3}{2}(x-6)$과 $y=\dfrac{1}{2}x$의 교점을 D라 하면,
$D\left(\dfrac{9}{2}, \dfrac{9}{4}\right)$

직선 BC와 직선 $y=\dfrac{1}{2}x$의 교점을 E라 두면, 점 P는 $\triangle ABC$내부 또는 변 위의 점이면서 직선 $y=\dfrac{1}{2}x$위의 점이어야 하므로 점 P가 나타내는 도형은 선분 DE이다.

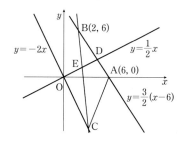

$\overline{BE}=\sqrt{5}$ 이고, 점 B는 점 E를 x축 방향으로 -2, y축 방향으로 -1 만큼 평행이동한 점이므로 $B\left(\dfrac{5}{2}, \dfrac{5}{4}\right)$이다.

직선 $BE : y=-\dfrac{19}{2}(x-2)+6$와 $y=-2x$와 교점이 점 C이므로
$C\left(\dfrac{10}{3}, -\dfrac{20}{3}\right)$

$$\therefore \overrightarrow{OA}\cdot\overrightarrow{CP}\le\overrightarrow{OA}\cdot\overrightarrow{CD}=(6, 0)\cdot\left(\frac{7}{6}, \frac{107}{12}\right)=7$$